机械制图实验指导

（第2版）

姜杉　徐健　安蔚瑾　主编

内容提要

本实验指导书为首批国家级线上线下混合式一流本科课程、国家精品在线开放课程、国家虚拟仿真实验教学项目“工程图学”的指定教材。

本书与普通高等教育“十一五”国家级规划教材《机械制图》(第3版)及天津市高校“十五”规划教材《机械工程图学》(第2版)配套使用。本书采用最新国家标准,根据高等学校工程图学课程教学指导分委员会制定的“普通高等院校工程图学课程教学基本要求”的精神编写。

本书旨在指导学生进行实体和虚拟仿真实验,更好地体现出机械制图课程理论与实践相结合的教学过程,并通过一些先进实验方法及手段的介绍,提高学生的创新能力和动手能力。

本书分9章内容,包括仪器图绘制指导、徒手草图绘制指导、典型零件测绘指导、典型部件测绘指导、AutoCAD软件基本操作应用指导、Pro/ENGINEER软件基本操作应用指导、SolidWorks软件基本操作应用指导、先进实验技术简介和工程图学虚拟仿真实验操作指导。

本书适于56－128学时大、专院校工科专业使用。

图书在版编目(CIP)数据

机械制图实验指导／姜杉,徐健,安蔚瑾主编. —2版. —天津:天津大学出版社,2020.11 (2023.8重印)
ISBN 978-7-5618-6709-9

Ⅰ.机… Ⅱ.①姜… ②徐… ③安… Ⅲ.①机械制图—实验—高等学校—教学参考资料 Ⅳ.①TH126－33

中国版本图书馆CIP数据核字(2020)第112890号

出版发行 天津大学出版社
地　　址 天津市卫津路92号天津大学内(邮编:300072)
电　　话 发行部:022-27403647
网　　址 publish.tju.edu.cn
印　　刷 廊坊市海涛印刷有限公司
经　　销 全国各地新华书店
开　　本 787mm×1092mm
印　　张 10.5
字　　数 262千
版　　次 2020年11月第2版　2015年11月第1版
印　　次 2023年8月第3次
定　　价 30.00元

第2版前言

为了配合高等学校开展以培养大学生创新精神和创新实践能力为基本目标，以发展学生的一般创造力、专业创造力和创造性品格为基本内容的“创新素质教育”，特编写此实验指导书。本书是作者结合多年的教学经验和近几年的教学改革成果编写而成的。

本书与普通高等教育“十一五”国家级规划教材《机械制图》(第3版)及天津市高校“十五”规划教材《机械工程图学》(第2版)配套使用。书中介绍了传统的测绘内容，从仪器图到徒手草图，从典型零件测绘到典型部件测绘，内容由浅入深，配合教材，使学生对教学内容从部分到整体有一个循序渐进的认识，以提高学生的手工绘图能力及读图能力；还介绍了三种常用的计算机辅助设计软件，AutoCAD 软件、Pro/ENGINEER 软件及 SolidWorks 软件的基本操作应用，让学生在掌握机械制图基本画图能力的基础上，运用软件进行零件设计及工程图制作；同时介绍了一些先进的实验技术，包括传动机构拼装及造型、三维测绘技术简介及 3D 打印技术简介，使学生了解典型传动机构与传动方式，结合创新思维与现代设计方法，采用三维绘图计算机辅助设计软件进行机器人创意设计与构型。通过计算机模拟和 3D 成型的交互对照，培养学生主动性、探究式学习习惯。营造以学生为中心、自主活动为基础的新型教学过程，大力推进教学活动由“教”向“学”，再向“行”的转变，使教学活动建立在学生自主活动、主动探索的基础上，进而形成有利于学生自主精神、创新意识、创新能力培养的教学环境。

本书第2版增加了国家虚拟仿真实验教学项目“面向机械结构创意设计的工程图学虚拟仿真实验”操作指导，包括三层次八模块的实验教学内容。本书与天津大学首批国家级线上线下混合式一流本科课程、国家精品在线开放课程“工程图学”配套使用，实现了线上与线下一体化教学。重点解决了以下问题：①创新型人才培养的需求与工程图学实验项目缺乏，不能完成人才培养目标之间的矛盾；②在线课程运行中，学习者不断增加与实验教学内容缺乏之间的矛盾；③工程图学教学中空间思维能力培养与实物教具无法实时体现之间的矛盾。

对于实验内容，各学校可以根据课程设置具体情况，视条件进行教学，全书内容可根据需要和不同对象作选择性的教学或自学。

本书由姜杉、徐健、安蔚瑾主编。全书分为9章，参加编写的人员有：胡明艳(第1章)，徐健(第2章，第4章，第9章第3节，附录)，安蔚瑾、林孟霞(第3章、第8章第3节)，丁伯慧(第5章、第8章第1节，第9章第4节)，姜杉(第6章)，胡明艳、田颖(第7章)，安蔚瑾、李金和(第8章第2节)和喻宏波(第9章第1、2节)。

编者在编写本书的过程中承蒙景秀并、王卫东的大力支持，在此表示感谢；同时参考了部分同专业的教材、指导书等文献,在此向文献的作者表示感谢。

徐健为教材的统稿做了大量的工作。

本书的编写得到了高等学校国家级教学示范中心联席会“画法几何与机械制图虚拟仿真实验教学资源建设”项目、天津大学“工程图学系列课程实验指导及教材的撰写与提升”和“天津大学课程质量提升计划”项目的支持。

由于编者水平有限,书中错误之处在所难免,恳请读者批评指正。

编者

2020 年 10 月

前　言

为了配合高等学校开展以培养大学生创新精神和创新实践能力为基本目标，以发展学生的一般创造力、专业创造力和创造性品格为基本内容的“创新素质教育”，特编写此实验指导书。本书是作者结合多年的教学经验和近几年的教学改革成果编写而成的。

本书与普通高等教育“十一五”国家级规划教材《机械制图》(非机类)(第2版)及《机械工程图学》配套使用。书中介绍了传统的测绘内容，从仪器图到徒手草图，从典型零件测绘到典型部件测绘，内容由浅入深，配合教材，使学生对教学内容从部分到整体有一个循序渐进的认识，以提高学生的手工绘图能力及读图能力；还介绍了三种常用的计算机辅助设计软件，AutoCAD 软件、Pro/ENGINEER 软件及 SolidWorks 软件的基本操作应用，让学生在掌握机械制图基本画图能力的基础上，运用软件进行零件设计及工程图制作；同时介绍了一些先进的实验技术，包括传动机构拼装及造型、三维测绘技术简介及 3D 打印技术简介，使学生了解典型传动机构与传动方式，结合创新思维与现代设计方法，采用三维绘图计算机辅助设计软件进行机器人创意设计与构型。通过计算机模拟和 3D 成型的交互对照培养学生主动性、探究式学习习惯。营造以学生为中心、自主活动为基础的新型教学过程，大力推进教学活动由“教”向“学”，再向“行”的转变，使教学活动建立在学生自主活动、主动探索的基础上，进而形成有利于学生自主精神、创新意识、创新能力培养的教学环境。

对于实验内容，各学校可以根据课程设置具体情况，视条件进行教学，全书内容可根据需要和不同对象作选择性的教学或自学。

本书由姜杉、徐健、安蔚瑾主编。全书分为 8 章，参加编写的人员有：胡明艳(第 1 章)，徐健(第 2 章，第 4 章)，安蔚瑾、林孟霞(第 3 章、第 8 章第 2 节、第 8 章第 3 节)，丁伯慧(第 5 章、第 8 章第 1 节)，姜杉(第 6 章)，胡明艳、田颖(第 7 章)。

编者在编写本书的过程中承蒙王卫东的大力支持，在此表示感谢。同时参考了部分同专业的教材、指导书等文献，在此向文献的作者表示感谢。

徐健为教材的统稿做了大量的工作。

本书的编写得到了天津大学“信息技术支持下的工程图学课程教学模式研究及实践”“工程图学系列课程实验指导及教材的撰写与提升”和“天津大学课程质量提升计划”项目的支持。

由于编者水平有限，书中错误之处在所难免，恳请读者批评指正。

编者

2015 年 6 月

目　录

第1章　仪器图绘制指导

1　几何作图

1.1　实验目的

①了解《技术制图》和《机械制图》国家标准的有关规定。
②能够正确使用绘图工具和仪器。
③掌握图线连接的作图方法。
④能够正确分析平面图形的尺寸和图线类型。
⑤掌握几何作图和尺寸标注的方法和步骤。

1.2　实验要求

根据平面图形，正确选择图纸幅面，借助工具绘制一幅仪器图并标注尺寸。

1.3　实验工具

图板，丁字尺，三角板，圆规，分规，H、HB 和 B 铅笔，小刀，橡皮，胶带纸，图纸。

1.4　实验内容及步骤

1.4.1　几何作图 A

将图 1-1 所示平面图形按 1∶1绘制在 A4 图纸上，图名为“几何作图”，图号为“JHZT-A”。

(1)尺寸分析和图线分析

图 1-1 中定形尺寸主要包括 *R*30，*Φ*30，*R*8，36，*R*75，*R*15，*R*30，定位尺寸主要包括水平方向的 35、10、40，垂直方向的 90。绘制图 1-1 时，以上方 *Φ*30 的水平中心线和垂直中心线为尺寸基准。

图 1-1 中已知弧包括上方的 *R*30，*Φ*30 和下方的 *R*30，*R*15，它们可直接画出，中间弧 *R*8 利用与已知图线的连接关系求出圆心和切点，连接弧 *R*75 利用与上下 *R*30 的外切关系找到圆心并求出切点，以切点为界画出中间弧和连接弧。

(2)绘图前的准备

将绘图工具准备好，洗净双手，根据图形特点选取绘图比例，确定图纸幅面，并将图纸正面朝外固定在图板适当位置。

(3)画图框和标题栏、图形布局

按照国标规定画出图框和标题栏，根据图形的尺寸确定图形位置，然后绘制出主要基准线，如图 1-2 所示。

(4)绘制底稿

绘制图形的主要轮廓。首先是已知线段和已知弧，其次按照尺寸及相切条件绘制中间线

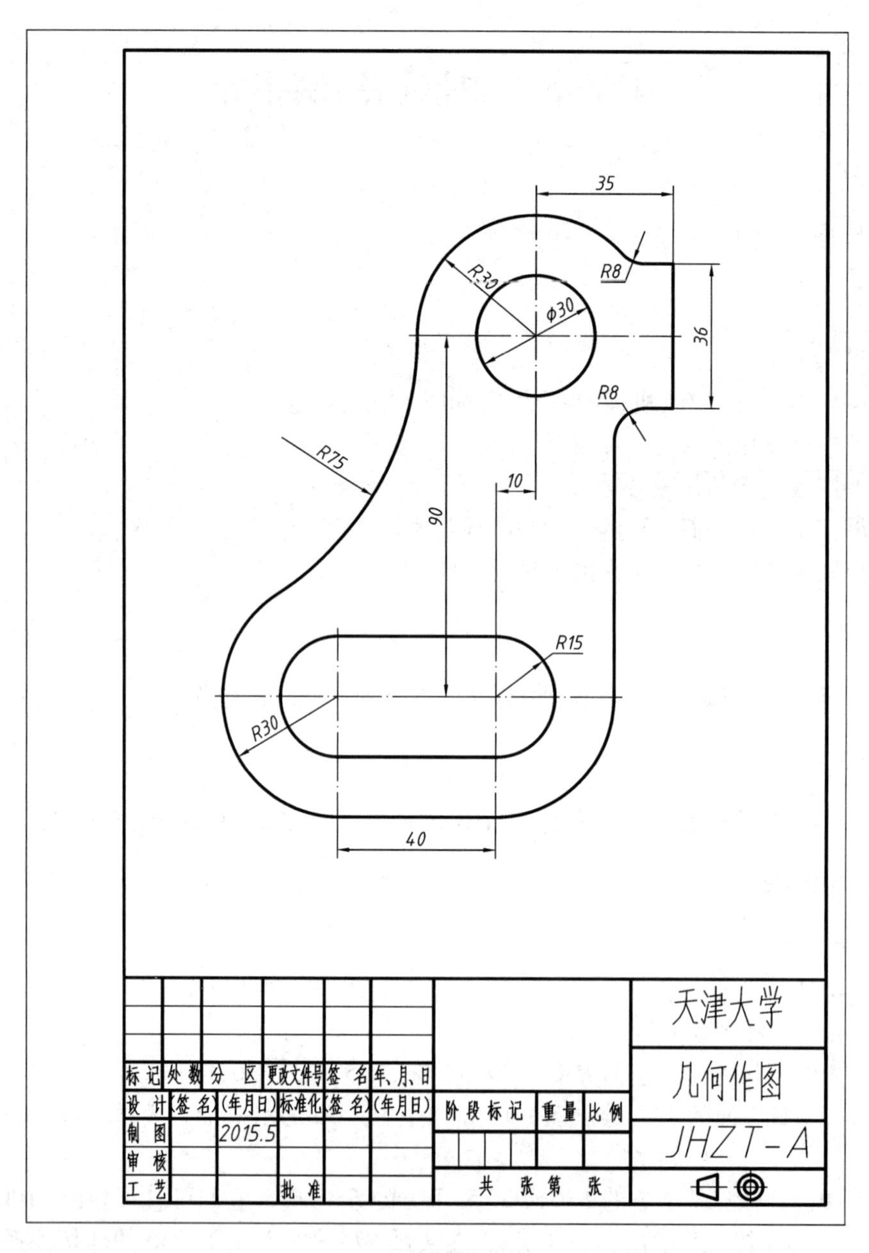

图 1-1 几何作图 A

段和中间弧，最后绘制连接弧，如图 1-3、图 1-4 所示。

(5)检查并整理图线

检查，擦去不要的图线，然后画出尺寸界线和尺寸线，完成底稿，如图 1-5 所示。

(6)加深图线，完成全图

按照先圆弧后直线和先细线后粗线的顺序分别描深粗实线和其他细线，注写尺寸数字，画箭头，填写标题栏，完成全图，如图 1-1 所示。

1.4.2 几何作图 B

将图 1-6 所示平面图形按 1∶1绘制在 A3 图纸上，图名为“几何作图”，图号为“JHZT-B”。

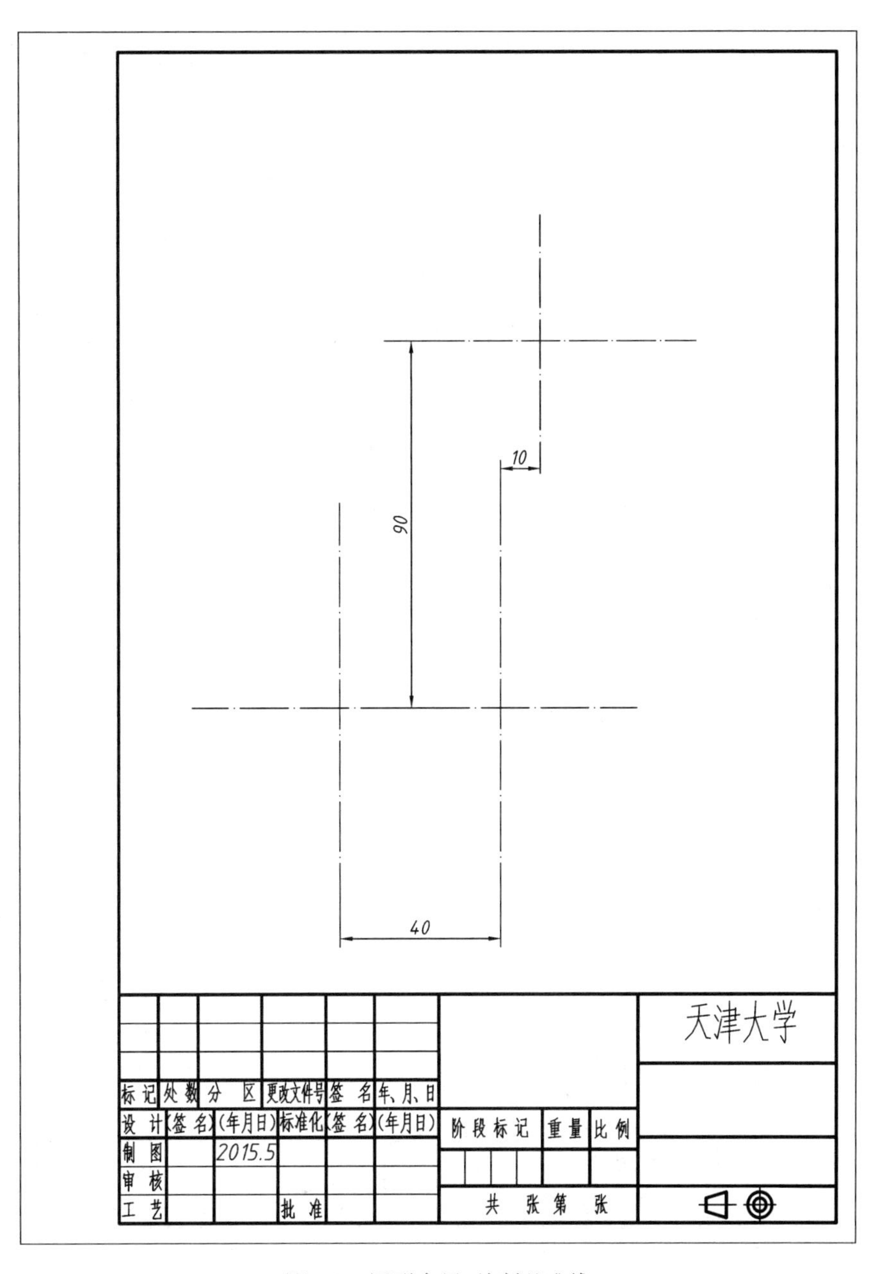

图 1-2　图形布局，绘制基准线

（1）尺寸分析和图线分析

图 1-6 中定形尺寸主要包括 *Φ*62，*Φ*112，*R*56，*R*20，*R*34，*R*12，*R*30 和 *R*75 等，定位尺寸主要包括水平方向的 90，70，263，垂直方向的 *R*107，30°，45°和 *Φ*40，*Φ*40 为 *R*75 圆弧的定位尺寸。绘制图 1-6 时，以 *Φ*112 圆的水平中心线和垂直中心线为尺寸基准。

图 1-6 中已知弧包括 *Φ*62，*Φ*112，*R*34，*R*12 和 *R*30，它们可直接画出，中间线段包括与圆弧相切的线段和中间弧 *R*75，利用与上下 *Φ*40 的外切关系求出圆心和切点，连接弧包括 *R*56，*R*20 和 *R*9，分别利用与已知图线的连接关系找到圆心和切点，最后画出。

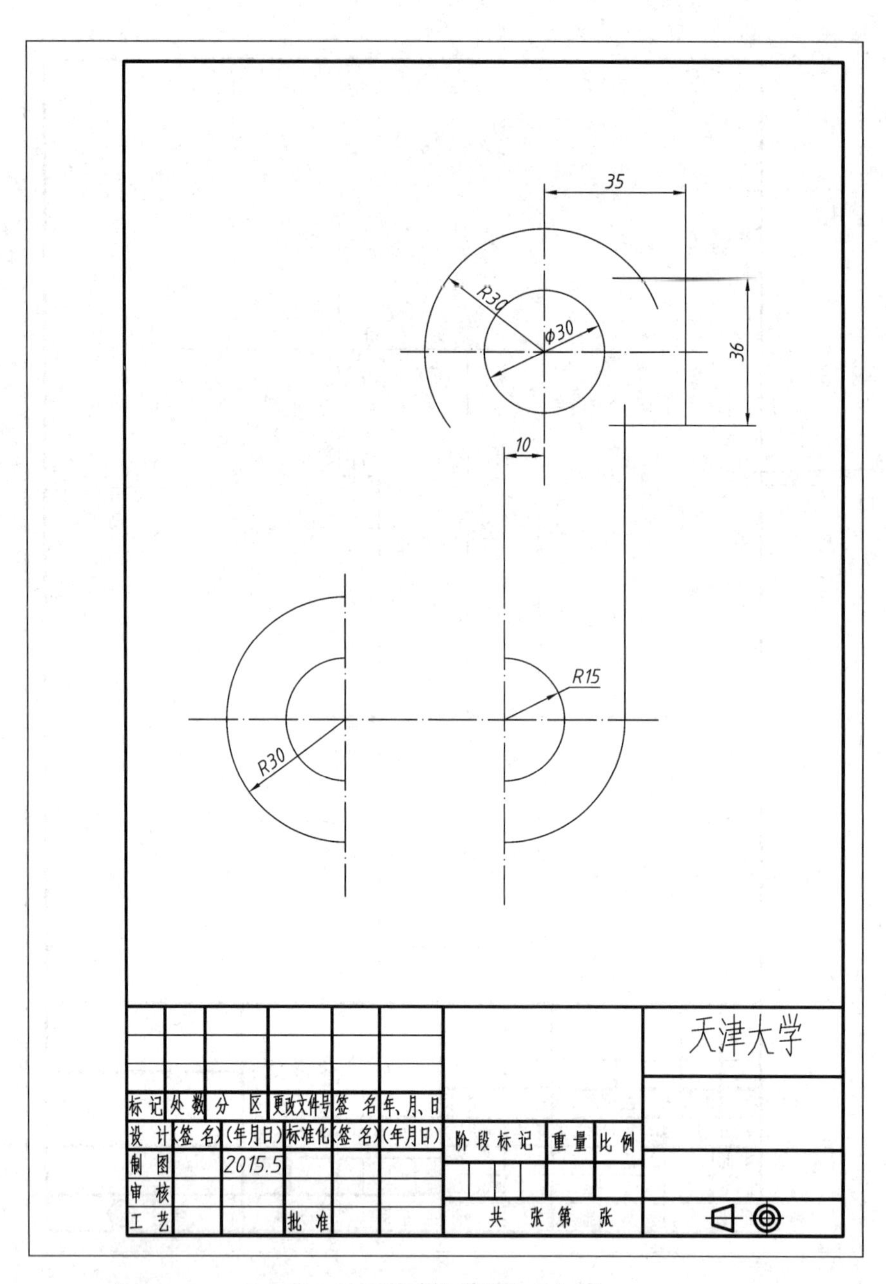

图 1-3　绘制已知线段和已知弧

（2）绘图前的准备

将绘图工具准备好，洗净双手，根据图形特点选取绘图比例，确定图纸幅面，并将图纸正面朝外固定在图板适当位置。

（3）画图框和标题栏、图形布局

按照国标规定画出图框和标题栏，根据图形的尺寸确定图形位置，然后绘制出主要基准线，如图 1-7 所示。

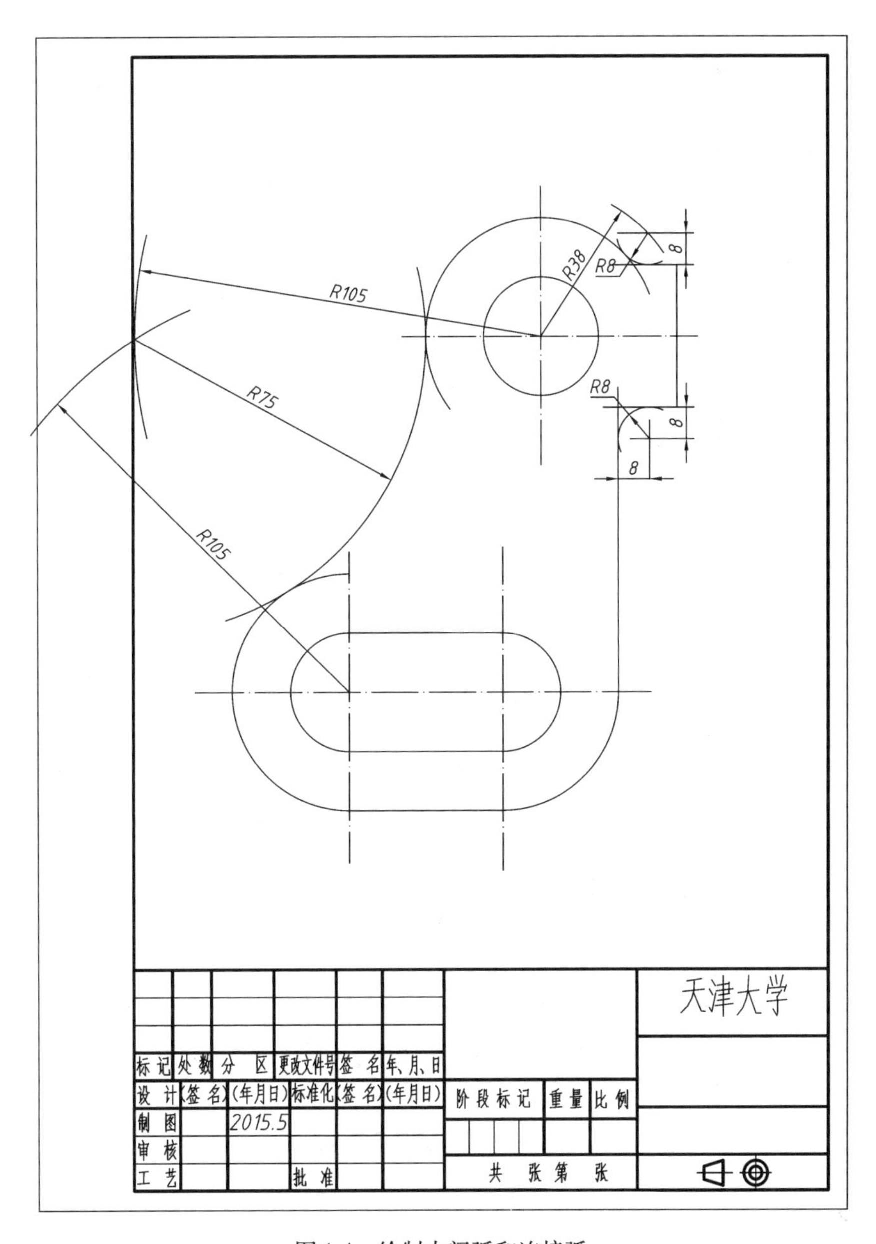

图 1-4 绘制中间弧和连接弧

(4)绘制底稿

绘制图形的主要轮廓,首先是已知线段和已知弧,如图 1-8 所示,其次按照尺寸及相切条件绘制中间线段和中间弧,最后绘制连接弧,如图 1-9 和图 1-10 所示。

(5)检查并整理图线

检查并擦去不要的图线,然后画出尺寸界线和尺寸线,完成底稿。

(6)加深图线,完成全图

按照先圆弧后直线和先细线后粗线的顺序分别描深粗实线和其他细线,注写尺寸数字,画箭头,填写标题栏,完成全图,如图 1-6 所示。

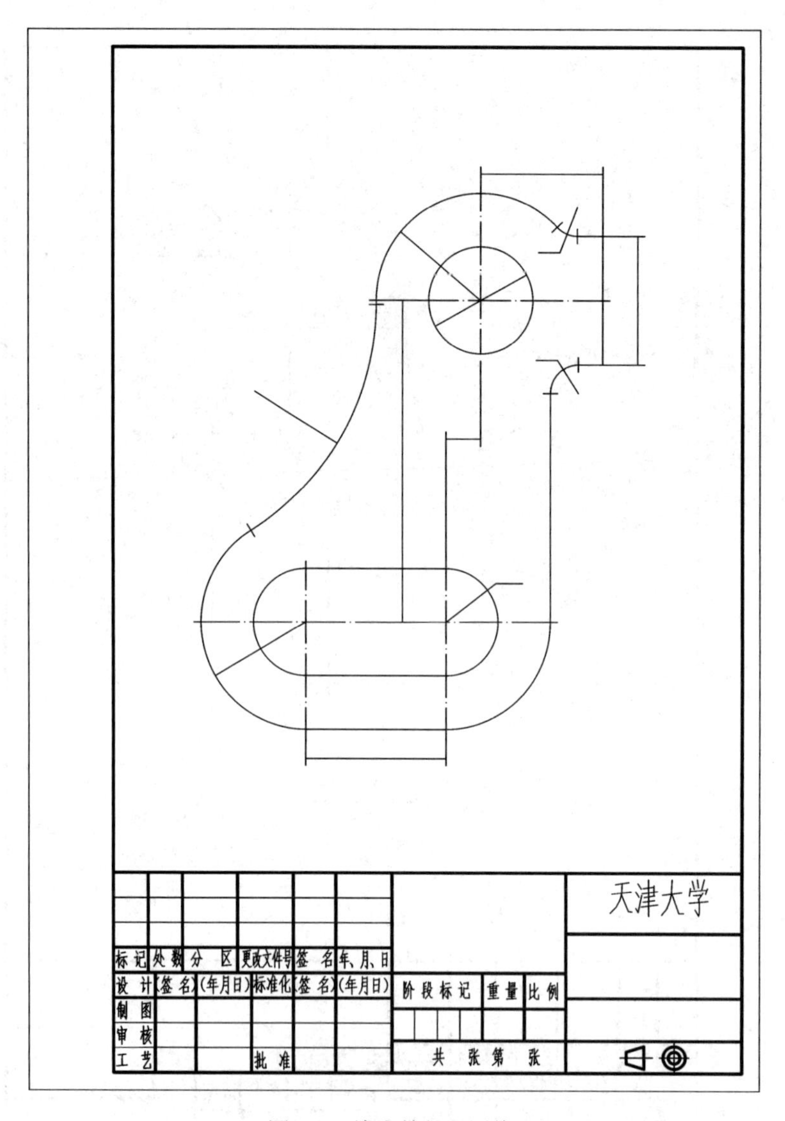

图 1-5　检查并整理图线

1.5　实验报告

根据几何作图 A 或几何作图 B 提交一张标准的工程图纸。具体要求如下：

①使用并绘制符合国标规定的图框和标题栏；

②图形布置要匀称、美观；

③线型要符合国标要求，粗线宽度为 0.7 mm，细线宽度为 0.35 mm；

④尺寸标注要符合国标要求，尺寸数字使用 3.5 号字；

⑤图中汉字用长仿宋体，标题栏内的单位名称、图样名称及图样代号用 10 号字，其他用 5 号字，姓名及日期写在“制图”的右侧栏。

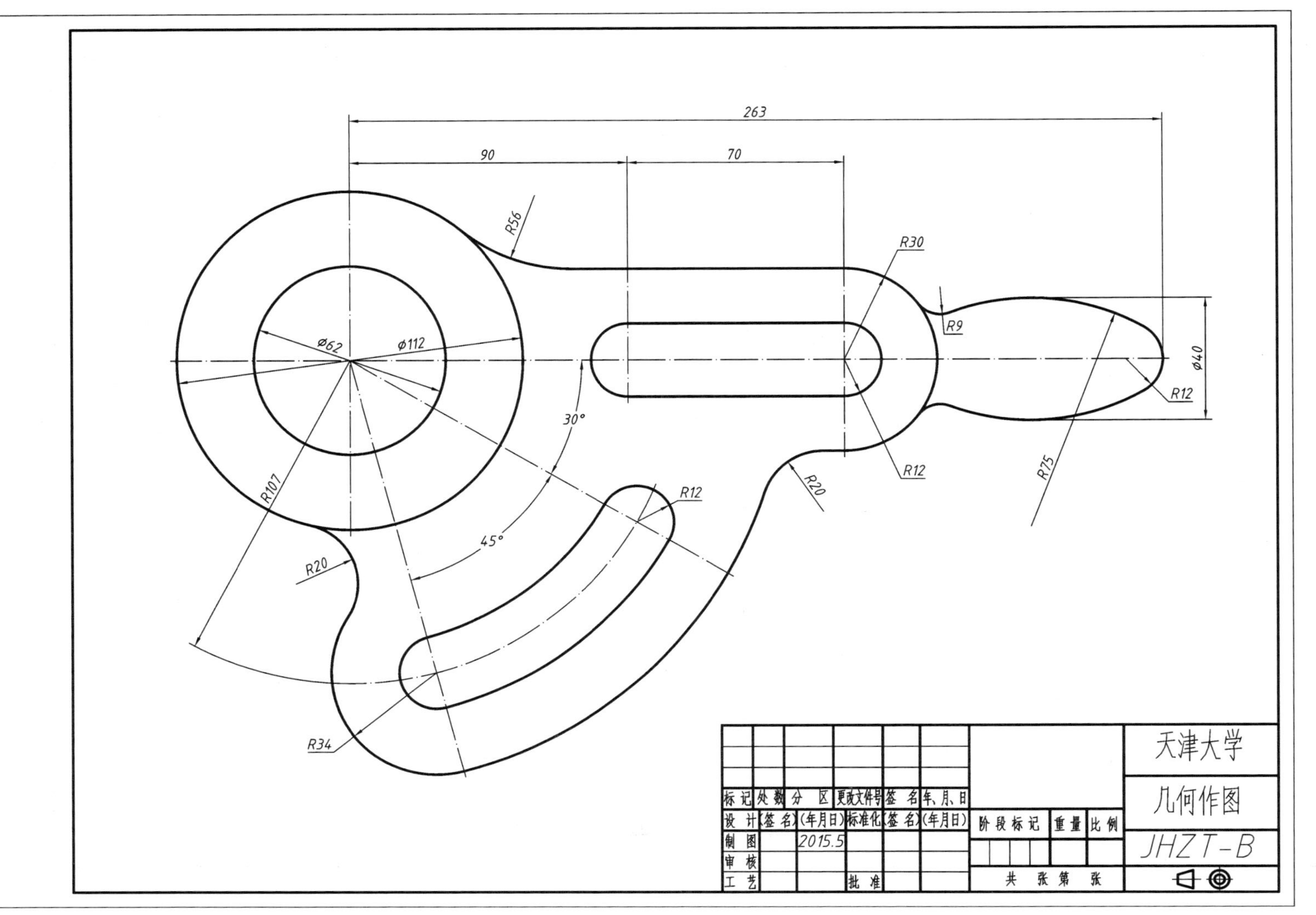

263
90
70
R56
R30
R9
φ40
R12
φ62
φ112
30°
R12
R75
R20
R12
R107
45°
R20
R34
标记
处数
分区
更改文件号
签名
年、月、日
设计
(签名)
(年月日)
标准化
(签名)
(年月日)
制图
2015.5
审核
工艺
批准
阶段标记
重量
比例
共 张 第 张
天津大学
几何作图
JHZT-B

图 1-6 几何作图B

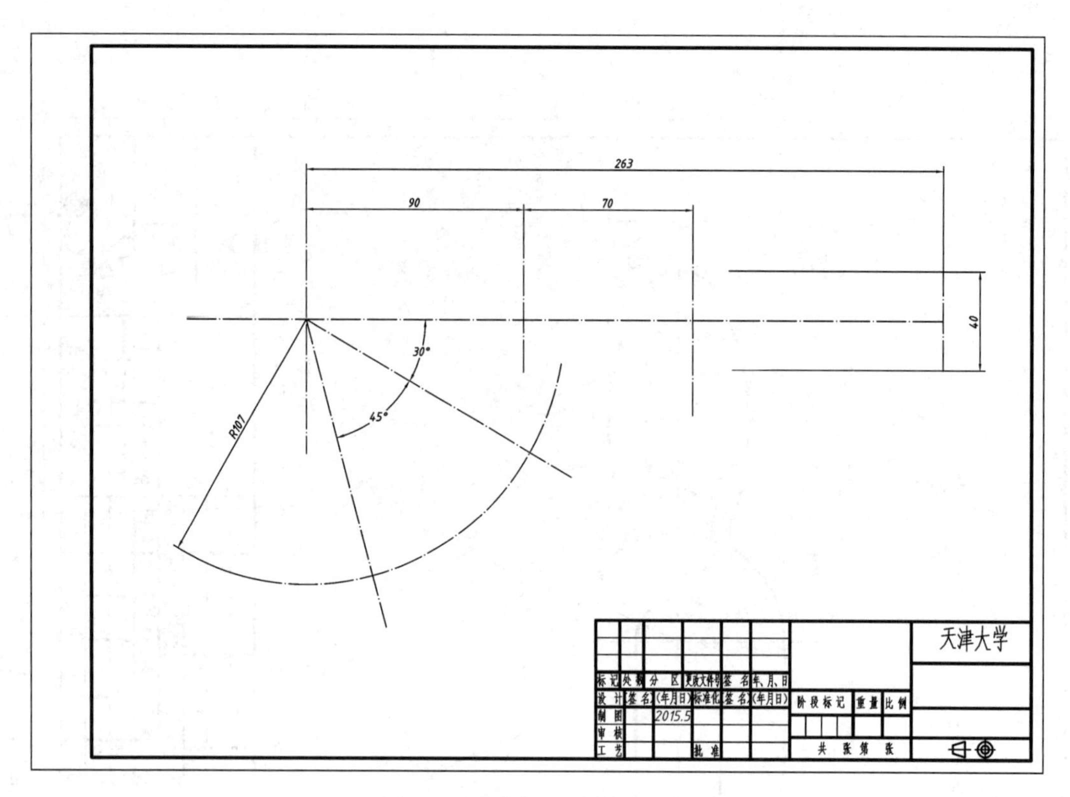

图 1-7　图形布局,绘制基准线

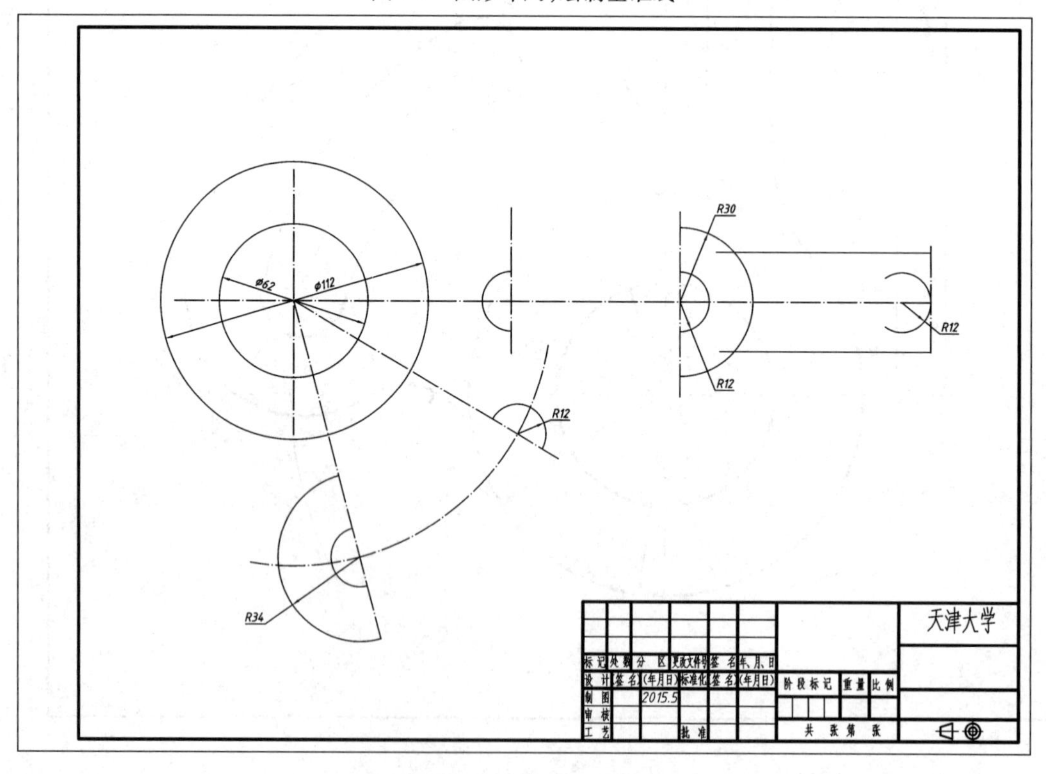

ø62
ø112
R30
R12
R12
R12
R34
天津大学
标记
处数
分区
更改文件号
签名
年、月、日
设计
签名
(年月日)
标准化
签名
(年月日)
阶段标记
重量
比例
制图
2015.5
审核
工艺
批准
共 张第 张

图 1-8　绘制已知线段和已知弧

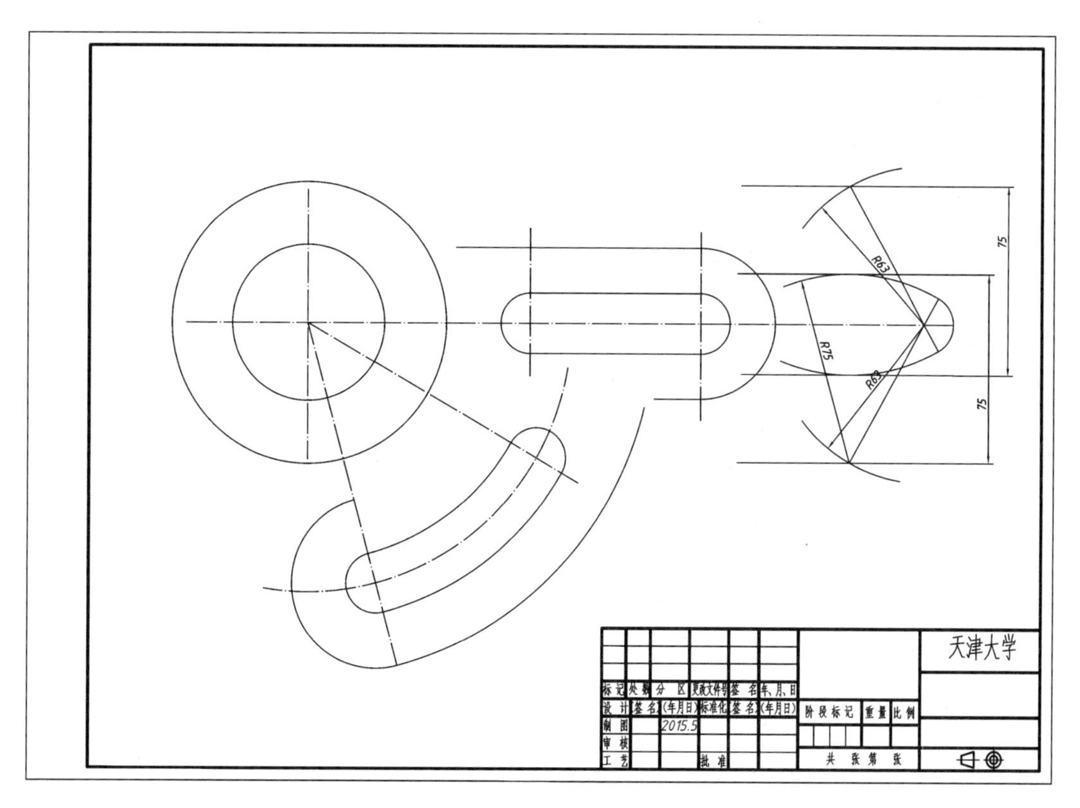

图 1-9 绘制中间弧

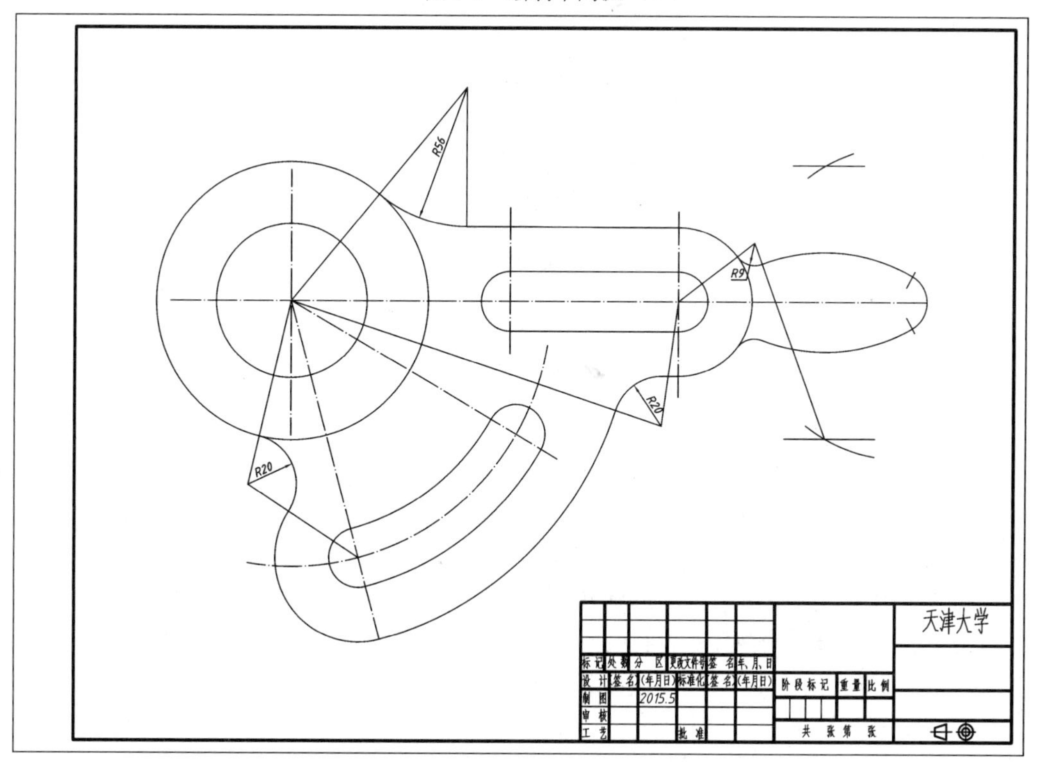

图 1-10 绘制连接弧并整理图线

2 零件图绘制

2.1 实验目的

①培养构型表达能力,能正确地选择零件的表达方法。
②掌握绘制零件图的方法和步骤。
③熟练掌握零件图的尺寸注法。

2.2 实验要求

正确选择表达方案,绘制零件图,标注尺寸并注写零件图的技术要求。

2.3 实验工具

图板,丁字尺,三角板,圆规,分规,H、HB 和 B 铅笔,小刀,橡皮,胶带纸,图纸。

2.4 实验内容及步骤

将图 1-11 所示物体按 1:1比例绘制在 A3 图纸上,图名为“泵体”,图号为“PT1-04”。

图 1-11 泵体

(1)确定表达方案

齿轮油泵的泵体属于典型的箱体类零件,应选用主、左、俯、右四个基本视图。主视图应按其工作位置安放,并以反映其内部形状特征最明显的方向作为投射方向,选用 *A-A* 两个相交的剖切面,将泵体内部及与泵盖的连接孔表示清楚。

左视图选用视图来表达泵体的形状和连接孔的分布情况,为表达进、出油口的结构与泵体内部的关系,应进行局部剖视,安装孔的形状也应局部剖视。

俯视图主要表达泵体底板及连接部分的形状,取 *B-B* 全剖视图。

右视图采用视图表达泵体外形。

(2)绘图前的准备及图形布局

泵体的布局如图 1-12 所示。

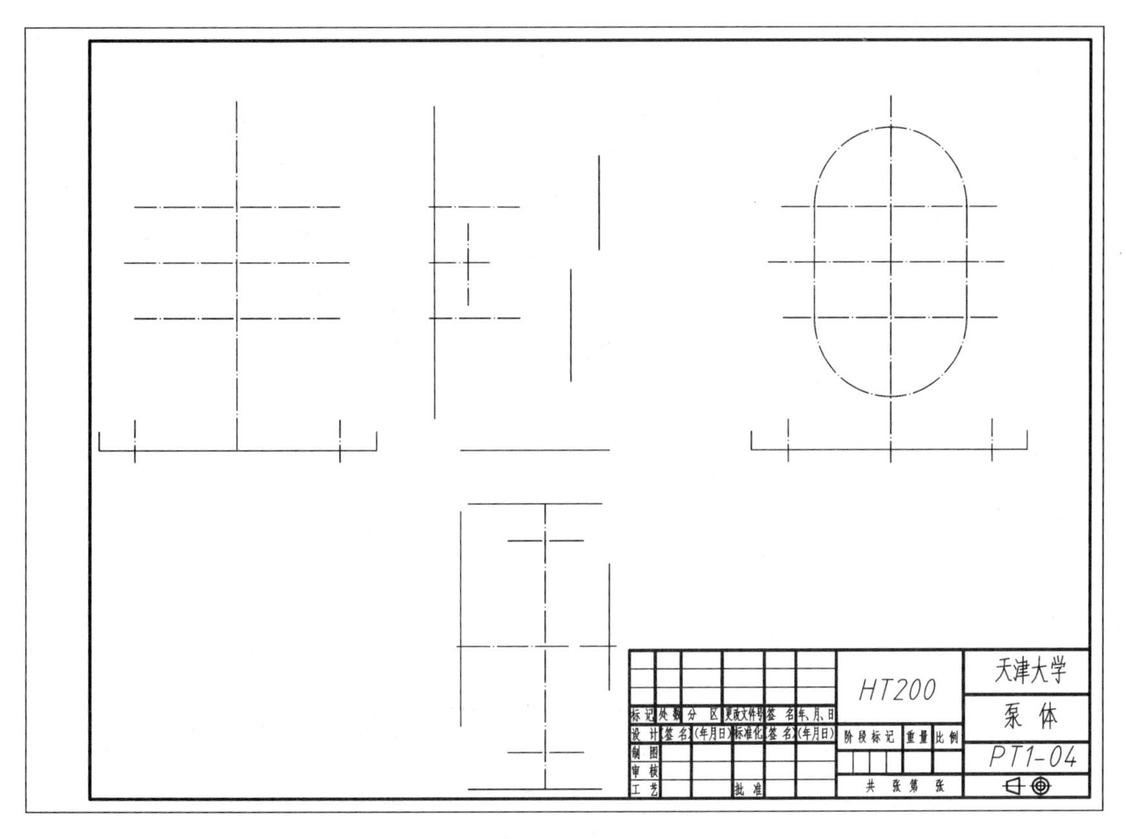

图 1-12　泵体的布局

(3)绘制底稿

根据选定的方案,详细画出零件的内外部结构和形状,注意细小结构,如铸造圆角、倒角、倒圆、退刀槽、砂轮越程槽、凸台和凹坑等必须画出,如图 1-13 所示。

(4)注写尺寸和技术要求

按照相关规定标注泵体表面结构要求,主要尺寸的精度包括泵体的两轴线的距离、轴线与底面的距离以及有配合的尺寸等,其他需要说明的技术要求也应注写清楚。

(5)完成全图

检查全图,填写标题栏,加深图线,完成绘图,如附图 3 所示。

2.5　实验报告

提交一张标准的工程图纸,具体要求如下:

①使用并绘制符合国标规定的图框和标题栏;

②图形布置要匀称、美观;

③线条应区分出各种线型,粗线宽度为 0.7 mm,细线宽度为 0.35 mm;

④尺寸标注要符合国标要求,尺寸数字使用 3.5 号字;

⑤注明技术要求,包括表面结构、尺寸公差等内容;

⑥图中汉字用长仿宋体,标题栏内的单位名称、图样名称、图样代号及材料标记用 10 号

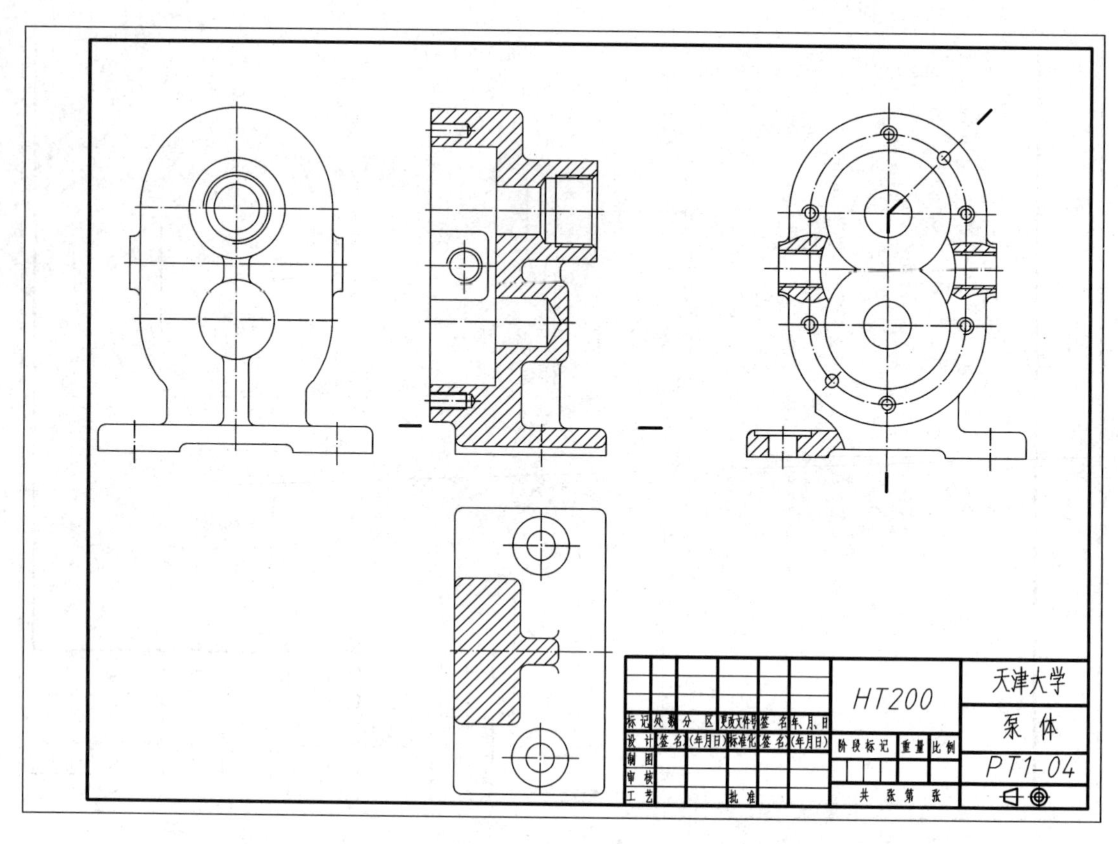

图 1-13 泵体的底稿

字，其他用 5 号字，姓名及日期写在“制图”的右侧栏。

思考题

1. 简述平面图形的作图步骤。
2. 试述尺寸标注的基本规则及常用尺寸的注法。
3. 组合体和零件图的绘图有哪些区别？应该注意哪些内容？
4. 简述零件图尺寸标注的方法和步骤。
5. 试述如何读懂零件图。

第2章　徒手草图绘制指导

1　组合体造型

1.1　实验目的

①能够正确利用形体分析法分析组合体的组合形式和表面连接关系，通过简单立体之间堆积、相交和相切的组合，构成不同形状的组合体。

②掌握草图的徒手绘制方法。

③掌握组合体三面投影图的画法。

④正确使用测量仪器测量组合体的基本尺寸。

⑤能够正确标注组合体的尺寸。

1.2　实验要求

构思拼装模型，将若干的简单立体模型组合拼装成组合体，徒手画出其三面投影图，利用Auto CAD软件进行三维造型，并投影成工程图。

1.3　实验工具

1.3.1　实验工具

可拆装组合体模型（专利号：ZL2010202087755.0），游标卡尺、直尺、内卡钳、外卡钳等测量工具。

1.3.2　拆分式组合体实训教学模型使用说明

（1）模型功能

拆分式组合体实训教学模型包括多个具有组合体结构特征的单元体，每套90余种零件单元，单元体之间采用磁铁吸力联结成一组合体模型，该模型具有良好的拆分性和组合性。使用者可以根据自己的意愿，利用其中的特征单元，以堆积、相交或相切的形式拼接成各种形式的组合体，在此基础上确定该组合体的表达形式，画出相应的二维工程图，在认知多种形体结构和组合方式的同时锻炼空间思维能力。只要零件模块的结构条件许可，拼装构型过程一般可随意进行，无特殊的限制要求。

（2）模型种类

一般情况下，以“DIB”为字头（刻印在零件模块表面）的零件模块具有底板的功用，带有磁铁；以“DINGB”为字头的零件模块具有顶板的功用，带有磁铁；以“LEIB”为字头的零件模块具有肋板的功用；以“XG”为字头的零件模块具有柱体的功用，可以与“DINGB”字头的零件模块、“DIB”字头的零件模块或“LEIB”字头的零件模块相互拼搭。

以上介绍仅供使用者参考，并无任何规范约束之意，唯一的要求是组合体的构型应该合理，且具有实际工程意义的有效形式。

图 2-1、图 2-2 为供拼装的零件单元,图 2-3 为柱体(XG)零件单元,图 2-4 为底板(DIB)零件单元,图 2-5 为顶板(DINGB)和肋板(LEIB)零件单元,图 2-6 为由底板、柱体、顶板和肋板等拼装后的组合体,图 2-7 为由相同底板、不同柱体和肋板等拼装后的组合体,图 2-8、图 2-9 为特征单元、组合体的三面投影图及三维造型。

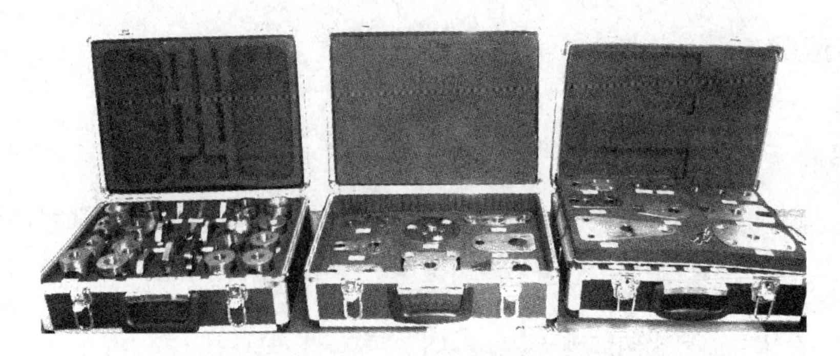

图 2-1　包装箱内的零件单元

图 2-2　零件单元

图 2-3　柱体(XG)零件单元

(3)模型使用步骤

构思拼装→结果形式→形体分析→徒手画三面投影图→三维造型→生成工程图,如图 2-8 和图 2-9 所示。

图 2-4　底板(DIB)零件单元

图 2-5　顶板(DINGB)和肋板(LEIB)零件单元

(a)

(b)

图 2-6　由底板、柱体、顶板和肋板等拼装后的组合体

(a)组合体 A　(b)组合体 B

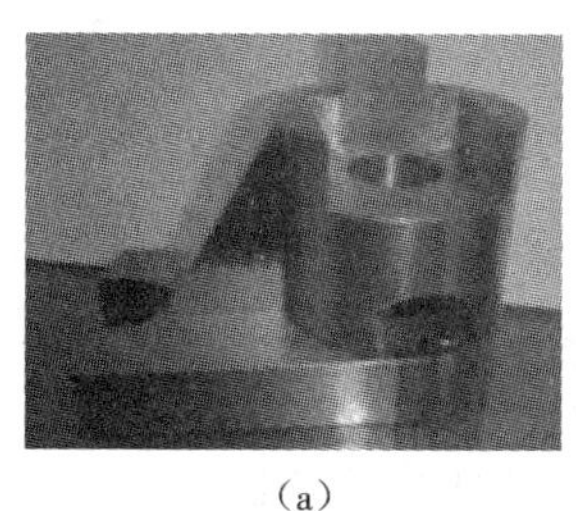

(a)

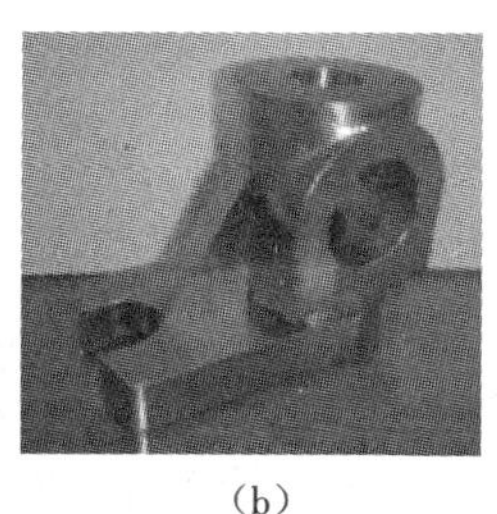

(b)

(c)

图 2-7　由相同底板、不同柱体和肋板等拼装后的组合体

(a)组合体 C　(b)组合体 D　(c)组合体 E

1.4　实验内容及步骤

1.4.1　拼装组合体

构思拼装,将若干的简单立体模型组合拼装成组合体。

①组合模型中每个零件模块具有不同的结构特征。使用时可根据自己的意愿及模块特征的结构条件,将若干零件模块以堆积、相交或相切的方式拼装起来,构成一个组合体的模型。

②组合体的构型应该合理。

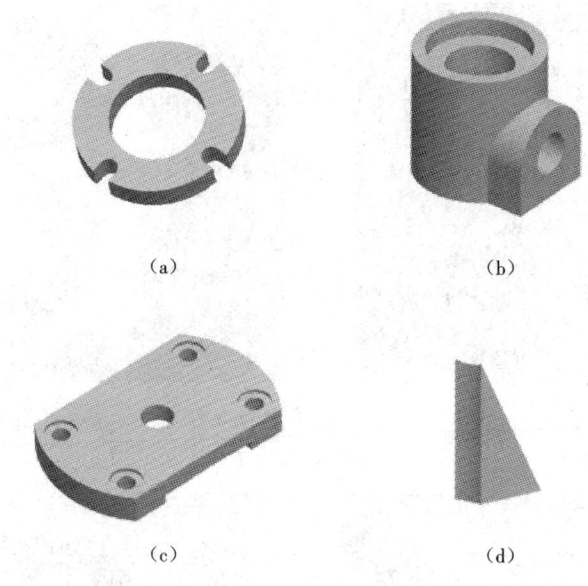
(a)　(b)　(c)　(d)

图2-8　特征单元
(a)顶板(DINGB)　(b)柱体(XG)　(c)底板(DIB)　(d)肋板(LEIB)

1.4.2　画组合体的三面投影图

徒手画组合体的三面投影图,选用合理的图样画法进行正确表达。

(1)形体分析

画图前,首先应对组合体进行形体分析,分析该组合体由哪些基本立体组成,了解它们之间的相对位置、组合形式以及表面间的连接关系及其分界线的特点。

在具体画图时,可以按各个部分的相对位置,逐个画出它们的投影以及它们之间的表面连接关系,综合起来即得到整个组合体的投影图。

(2)选择正面投射方向

在表达组合体形状的一组投影图中,正面投影是最主要的投影图。在画三面投影图时,正面投影图的投射方向确定以后,其他投影图的投射方向也就确定了。因此,正面投射方向的选择是绘图中的一个重要环节。正面投射方向的选择一般根据形体特征原则来考虑,即以最能反映组合体形体特征的那个投射方向作为正面投射方向,同时兼顾其他两个投影图表达的清晰性。选择时还应考虑物体的安放位置,尽量使其主要平面和轴线与投影面平行或垂直,以便使投影能得到实形。

(3)确定表达方案,徒手绘制组合体的三面投影图

要求徒手(或部分使用绘图仪器)绘制的图形称为草图。目测估计图形与实物的比例,确定图幅,选定合理的图样画法表达组合体,其步骤如下。

1)布置投影图位置,绘制基准线

画出图框、标题栏等,进行布局,画出作图的基准线,以确定各投影图的位置,并考虑到尺寸标注等所需的空间,匀称地将各投影图布置在图纸上。

2)徒手绘制投影图

根据确定的表达方案,按照投影的对应关系,运用形体分析法,徒手画出投影图,表达组合

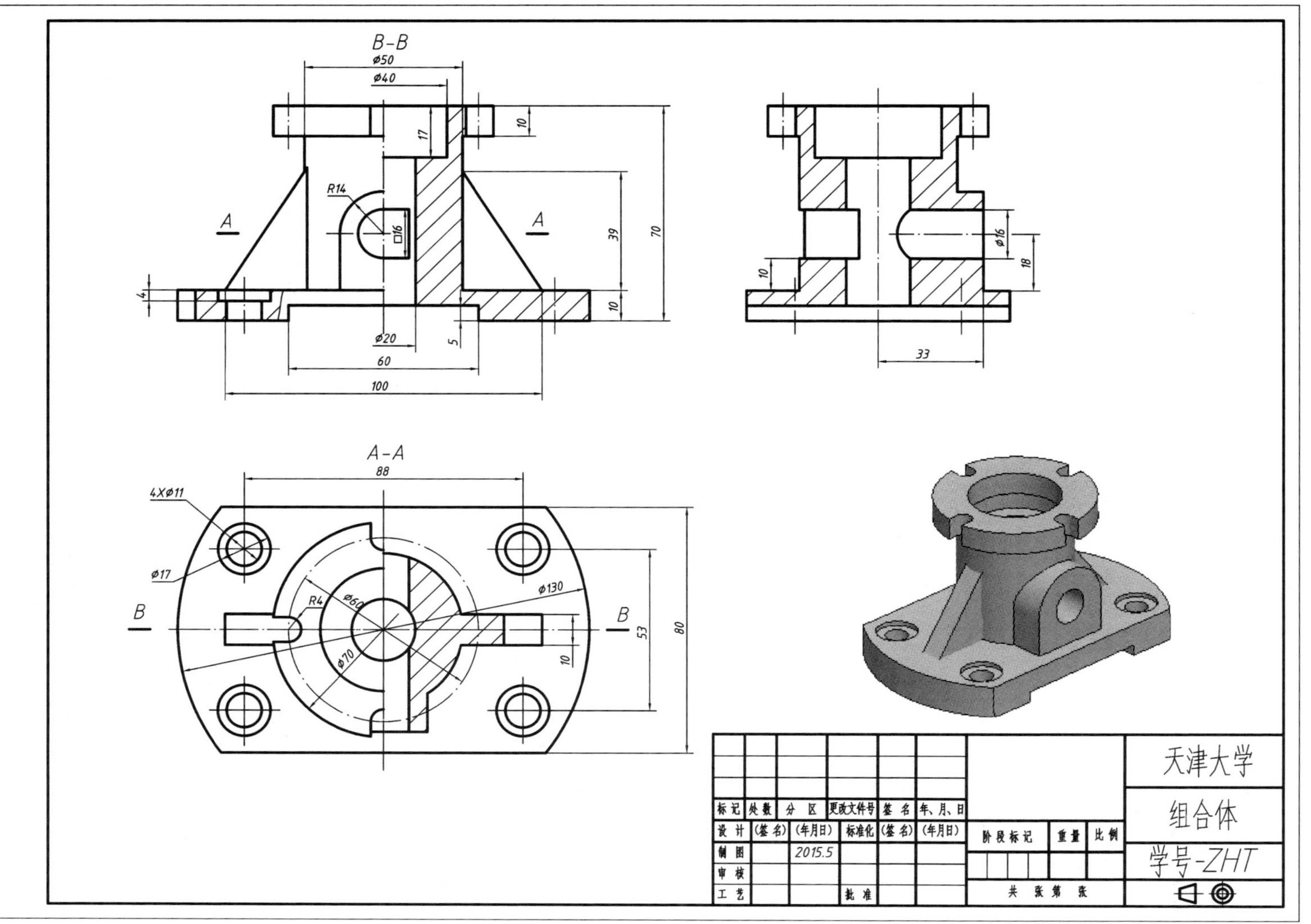

图 2-9　组合体的三面投影图及三维造型

体的各部分结构形状。

3)绘图时的注意事项

①为保证三面投影图之间相互对正,提高画图速度,减少差错,应尽可能把同一形体的三面投影联系起来作图,并依次完成各组成部分的三面投影。不要孤立地先完成一个视图,再画另一个视图。

②先画主要形体,后画次要形体;先画各形体的主要部分,后画次要部分;先画可见部分,后画不可见部分。

③应考虑到组合体是各个部分组合起来的一个整体,作图时要正确处理各形体之间的表面连接关系。

④草图无比例,但应通过目测使图形基本保持物体各部分的比例关系,只需要物体各部分的比例协调即可。

(4)组合体的尺寸标注

标注组合体的尺寸时,应先对组合体进行形体分析,选择基准,标注出定形尺寸、定位尺寸和总体尺寸,最后检查、核对。

1)在投影图上画出尺寸界线和尺寸线

首先选择组合体三个方向的主要基准,利用形体分析法分别画出各形体的定形尺寸、定位尺寸界线和尺寸线,确定总体尺寸。

2)测量各基本立体的尺寸,填写尺寸数字

用游标卡尺、钢尺、内卡钳、外卡钳等测量工具测得各基本立体的定形尺寸以及形体间的定位尺寸。测量过程中注意游标卡尺和钢尺的使用和正确读数。

3)组合体尺寸标注的注意事项

标注尺寸不仅要求正确、完整,还要求清晰,以方便读图。为此,在严格遵守机械制图国家标准的前提下,还应注意以下几点。

①尺寸应尽量标注在反映形体特征最明显的投影图上。

②同一基本形体的定形尺寸和确定其位置的定位尺寸应尽可能集中标注在一个投影图上。

③直径尺寸应尽量标注在投影为非圆的投影图上,而圆弧的半径应标注在投影为圆的投影图上。

④尽量避免在虚线上标注尺寸。

⑤同一视图上的平行并列尺寸应按“小尺寸在内,大尺寸在外”的原则来排列,且尺寸线与轮廓线、尺寸线与尺寸线之间的间距要适当。

⑥尺寸应尽量配置在投影图的外面,以避免尺寸线与轮廓线交错重叠,保持图形清晰。

(5)加粗描深,注写标题栏,完成全图

标题栏的位置一般应配置在图纸的右下方,所绘草图标题栏中“比例”一栏不用填写。

1.4.3 根据草图进行三维造型

阅读组合体的三面投影图,进行形体分析,利用 Auto CAD 软件进行三维实体造型。

1.4.4 根据三维造型生成二维工程图

利用 Auto CAD 软件由三维造型生成二维工程图。

1.5 实验报告

1.5.1 实验报告要求

①选用 A3 图幅徒手绘制组合体三面投影图。绘草图绝不意味着潦草,应该做到字体端正,线型分明,比例匀称,图面整洁。

②在 A3 图幅内由组合体三维造型生成符合国家标准的二维工程图,并插入组合体的轴测图。

③标题栏制作。

i. 制图:姓名,日期,5 号字。

ii. 比例:1∶1,5 号字。

iii. 单位名称:学校专业班级,10 号字。

iv. 图样名称:组合体,10 号字。

v. 图号:学号后三位 – ZHT,10 号字。

1.5.2 实验报告

实验报告形式如图 2-9 所示。

2 正等轴测图

2.1 实验目的

①了解正等轴测图的轴间角和轴向伸缩系数。

②掌握正等轴测图的基本画法。

2.2 实验要求

根据物体的正投影图,徒手绘制其正等轴测图。

2.3 实验工具

H、HB 和 B 铅笔,小刀,橡皮,方格纸。

2.4 实验内容及步骤

2.4.1 正等轴测图的轴间角和轴向伸缩系数

(1)轴间角

正等轴测图中坐标轴的位置如图 2-10 所示,其轴间角均为 120°。

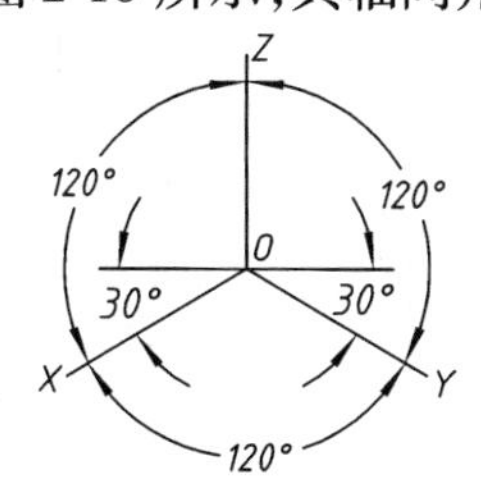

图 2-10 正等轴测图中坐标轴的位置及轴间角

(2)轴向伸缩系数

正等轴测图的轴向伸缩系数为 $p_1 = q_1 = r_1 = 0.82$。为了作图方便，常采用简化轴向伸缩系数 $p = q = r = 1$。

2.4.2 平面立体的正等轴测图

根据平面立体的正投影图画出其正等轴测图的作图步骤如下：

①在正投影图中选择中心 O 作为坐标原点并确定坐标轴；

②画轴测图的坐标轴；

③用坐标定点法作出各可见点的轴测投影；

④连接各点，擦去多余作图线，加深可见棱线，即得物体的正等轴测图，如图 2-11 和图 2-12 所示。

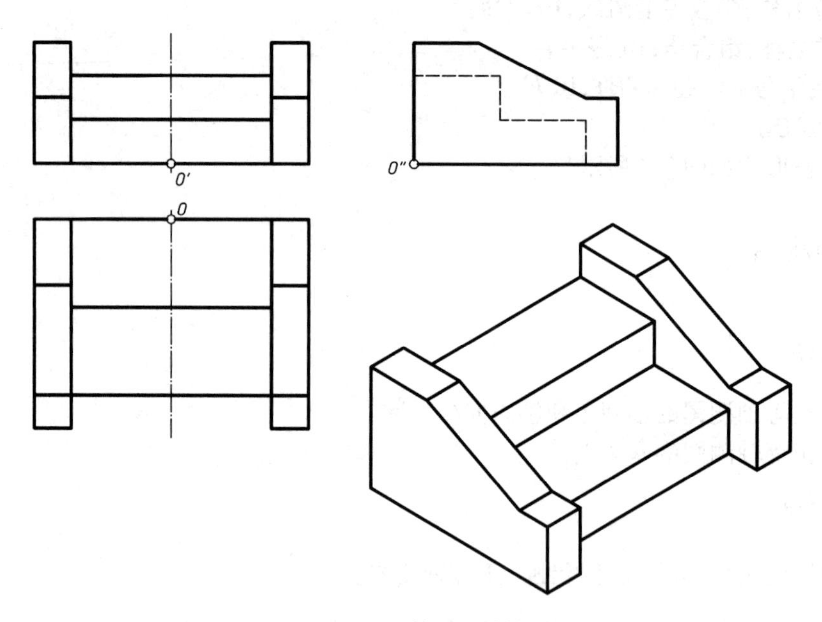

图 2-11　平面立体的正等轴测图

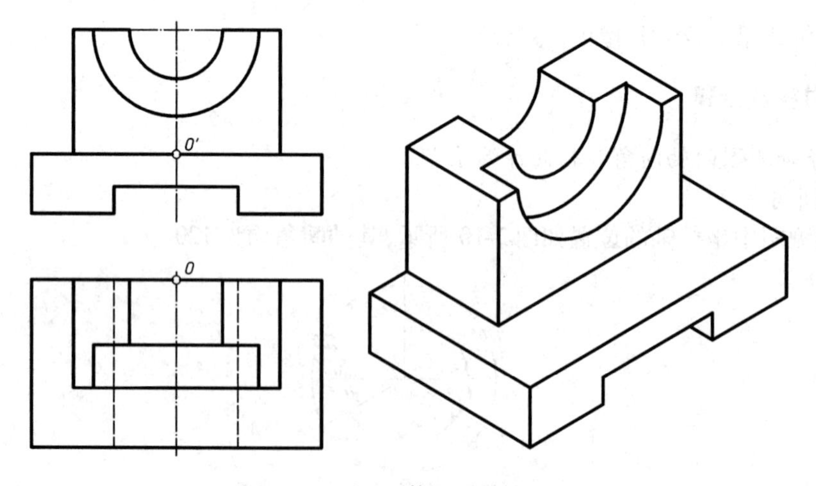

图 2-12　平面立体的正等轴测图

2.4.3 带切口回转体的正等轴测图

根据回转体的正投影图画出其正等轴测图的作图步骤如下：

①在正投影图中选择中心 O 作为坐标原点并确定坐标轴；

②画轴测图的坐标轴；

③画出回转体中平行于坐标面的圆的正等轴测图——椭圆；

④画出整个回转体的正等轴测图；

⑤画出截交线和截平面之间交线的正等轴测图；

⑥擦去多余作图线，加深可见图线，完成全图，如图 2-13 所示。

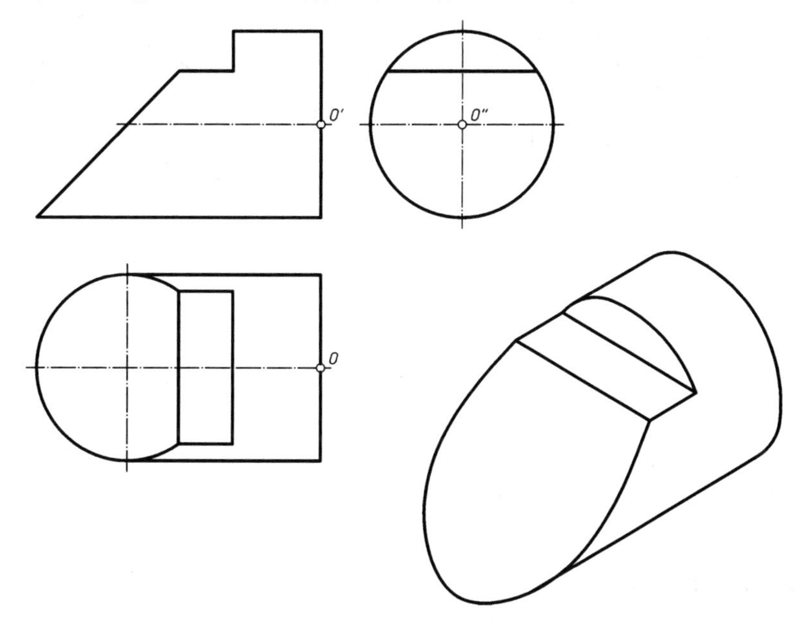

图 2-13 带切口回转体的正等轴测图

2.4.4 组合体的正等轴测图

组合体一般由若干个基本立体组成。画组合体的轴测图，只要分别画出各基本立体的轴测图，并注意它们之间的相对位置。根据组合体的正投影图画出其正等轴测图的作图步骤如下：

①在正投影图中选择中心 O 作为坐标原点并确定坐标轴；

②画轴测图的坐标轴；

③按照形体分析法，根据各基本立体之间的相对位置，画出它们的正等轴测图；

④擦去多余作图线，加深可见轮廓线，完成全图，如图 2-14 所示。

2.5 实验报告

(1) 实验报告要求

选用 A4 图幅徒手绘制物体的正等轴测图。应做到布局合理，线型分明，比例匀称，图面整洁。

(2) 实验报告

实验报告形式如图 2-11 至图 2-14 所示。

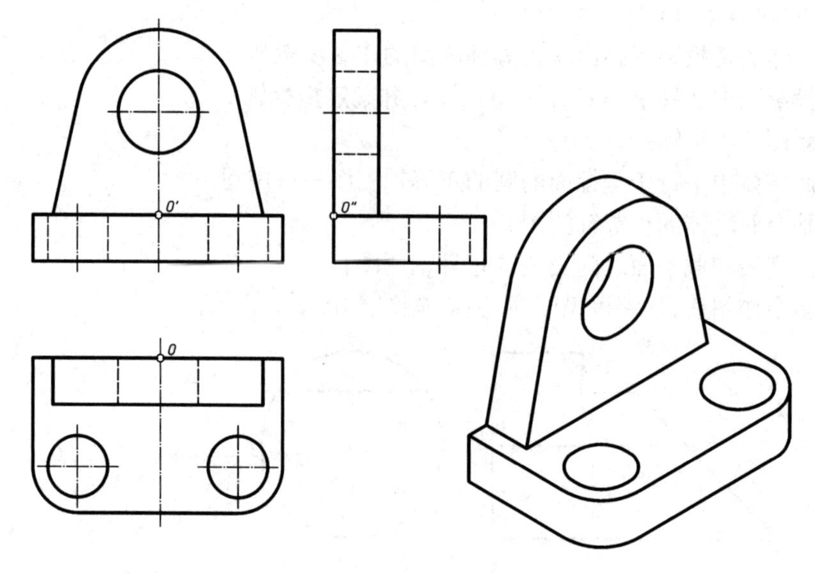

图 2-14　组合体的正等轴测图

思考题

1. 组合体的组合方式有哪几种？它们的画法各有何特点？

2. 组合体的堆积方式是指基本立体的哪两种表面结合到一起？

3. 两立体表面相切,在画其投影时,应当如何绘制？

4. 当平面与回转体相交时,其截交线可能是什么形状？

5. 两回转体相交时,其表面产生的相贯线可能是什么形状？

6. 根据组合体画出其三面投影图时,采用的主要分析方法是什么？

7. 画组合体投影图时,如何选择正面投影图？

8. 读组合体的三面投影图时,通常采用的分析方法是什么？

9. 组合体尺寸标注的基本要求是什么？

10. 轴测图是怎样形成的？有什么投影特性？与多面正投影图比较有何特点？

11. 什么叫轴向伸缩系数？什么叫轴间角？

12. 试述平行于坐标面的圆的正等轴测近似椭圆的画法。这类椭圆的长、短轴的位置有什么特点？

第 3 章　典型零件测绘指导

1　零件测绘简介

1.1　测绘步骤及内容

测绘步骤及内容如图 3-1 所示。

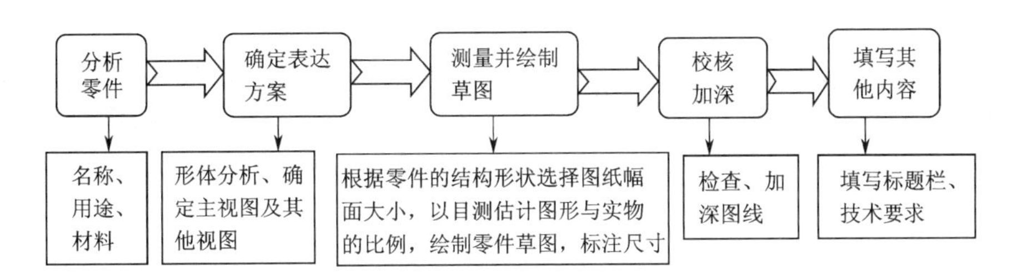

图 3-1　测绘步骤及内容

1.2　实验工具及介绍

（1）游标卡尺和千分尺

游标卡尺和千分尺用于测量加工过的表面，不能用来测量表面粗糙的零件，以免磨损。千分尺只对精密的尺寸测量才能采用。游标卡尺可用于测量零件的外径、内径、长度、宽度、厚度、深度和孔距等，如图 3-2 和图 3-3 所示。

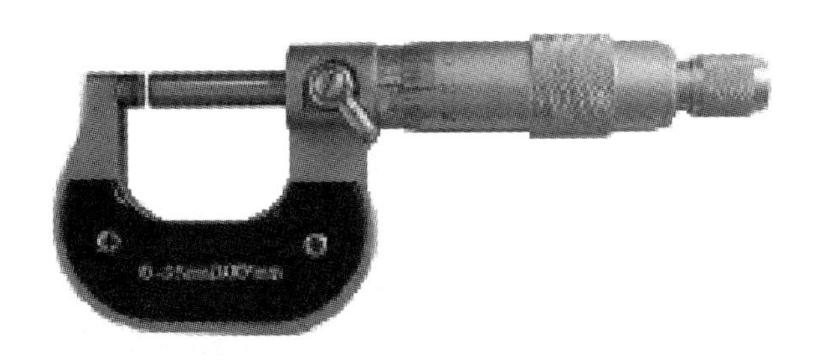

图 3-2　千分尺

（2）内、外卡钳

测量时，需要与钢尺结合读取数据，用来测量零件的外径和内径，如图 3-4 所示。

（3）圆角规

圆角规由很多片组成，每片上均刻有圆角半径的大小。测量时，只要在圆角规中找出与被测部分完全吻合的一片，就可从该片上的数值知道圆角半径的大小，如图 3-5 所示。

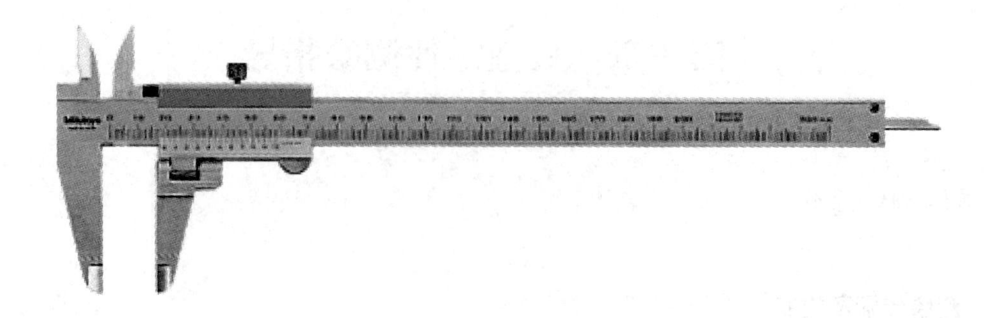

图 3-3　游标卡尺

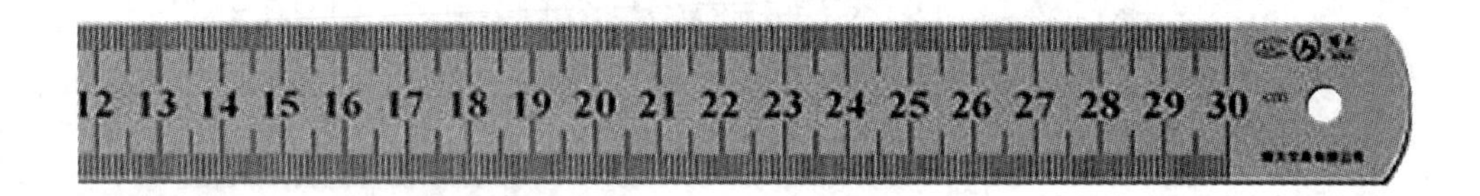

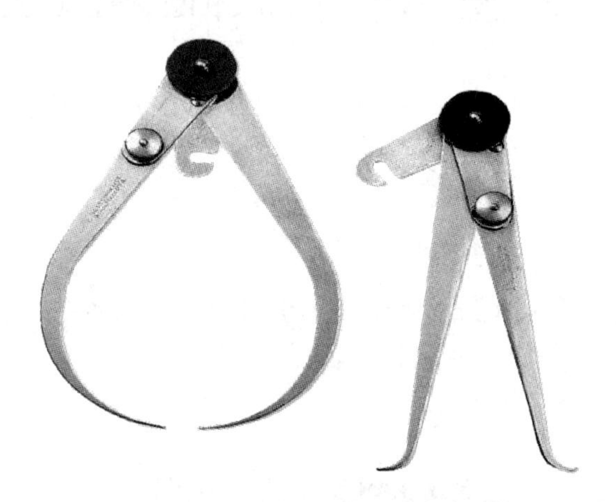

图 3-4　钢尺及内、外卡钳

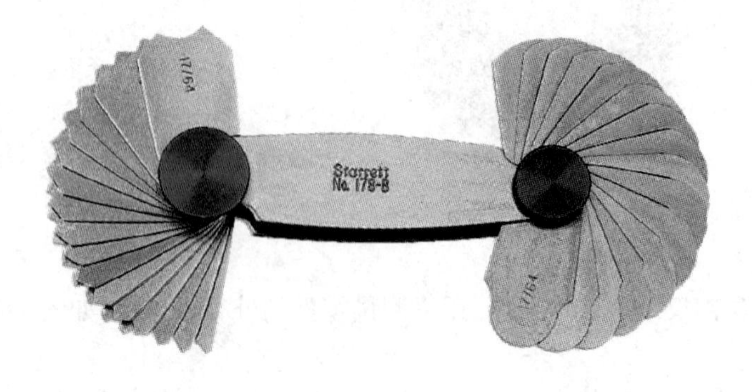

图 3-5　圆角规

(4)高度游标卡尺

高度游标卡尺用于测量零件中心高和精密划线,该测量应在平台上进行,如图 3-6 所示。

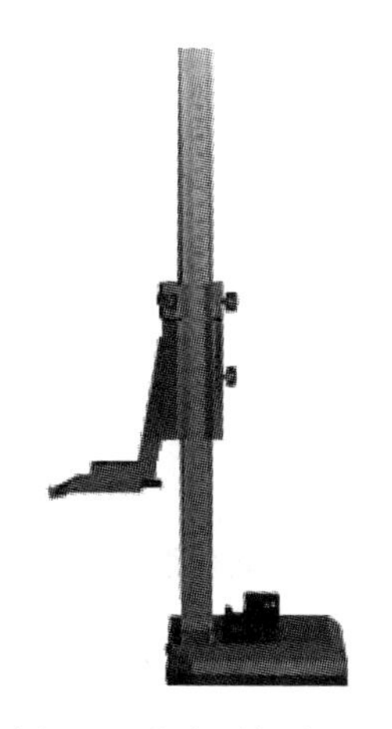

图 3-6　高度游标卡尺

(5)螺纹规

螺纹规用于测量螺距,如图 3-7 所示。

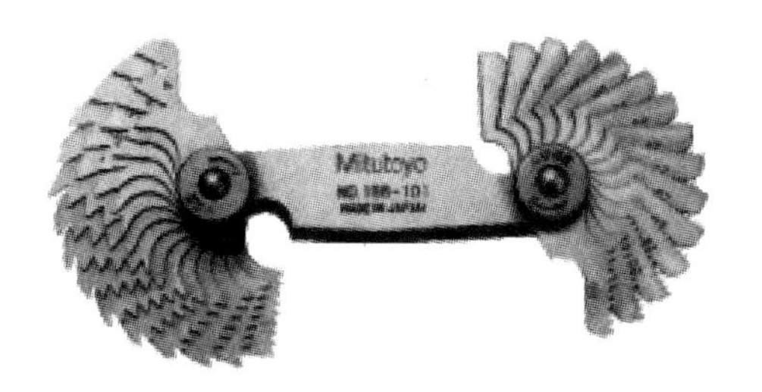

图 3-7　螺纹规

(6)量角器

量角器用于测量角度,如图 3-8 所示。

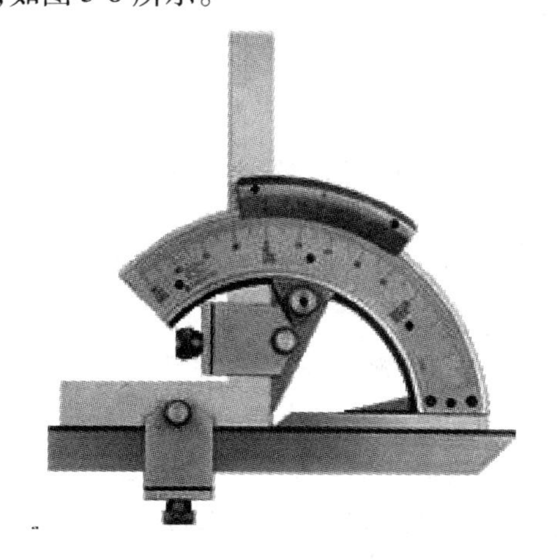

图 3-8　量角器

2　轴、套类零件测绘

2.1　实验目的

通过对轴类零件的测绘，掌握游标卡尺、钢尺、螺纹规、内外卡钳的使用方法，掌握正确绘制零件草图的方法与步骤。并对轴类零件的视图选择、尺寸的标注以及技术要求的确定和注写有概括的了解和初步的掌握。

2.2　实验要求

根据所给的零件，正确选择表达方法，正确使用测量仪器测量零件尺寸，正确选择图纸的幅面，目测估计图形与实物的比例，绘制零件草图，标注尺寸，制订并注写零件图的技术要求。

2.3　实验工具

游标卡尺、钢尺、内外卡钳、螺纹规等。

2.4　实验内容及步骤

轴、套类零件一般是由共轴线的回转体组成的，如图 3-9 所示，主要是在车床或磨床上加工，所以轴、套类零件的主视图按加工位置（即轴线水平）放置。

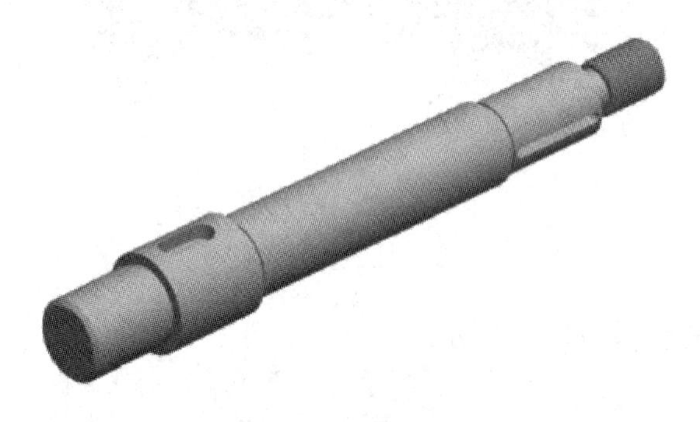

图 3-9　主动轴模型

①用 H 铅笔画出图框、标题栏框等，进行视图布局，画出作图的基准线，以确定各视图的位置。

②根据确定的表达方案，选择轴线水平放置作为主视图，轴上的键槽一般朝前画出，按照零件结构特点，画出零件的外形轮廓和主要结构部分。

③画零件的局部小结构部分，如键槽、销孔、退刀槽等结构，可采用局部剖视、局部放大和移出断面图等表示。

④尺寸标注，轴、套类零件一般要注出表示直径大小的径向尺寸和表示各段长度的轴向尺寸。径向尺寸以轴线为基准，轴向尺寸以零件的主要端面（轴肩）为基准，各段长度尺寸多按车削加工顺序注出，对轴上的倒角、退刀槽、砂轮越程槽、螺纹退刀槽、键槽和中心孔等标准结

构，应查阅有关技术资料的尺寸后再按标准进行标注。

⑤填写技术要求和标题栏。

⑥认真检查，然后用B铅笔按国家标准线型要求加深图线。

2.5 实验报告

(1)实验报告的要求

应该做到布局合理，线型分明，比例匀称，图面整洁，标注规范。零件的表面结构要求如下：

①配合表面$\sqrt{Ra\ 1.6}$；

②键槽侧面$\sqrt{Ra\ 3.2}$；

③键槽底面及工作表面$\sqrt{Ra\ 6.3}$；

④其余表面$\sqrt{Ra\ 12.5}$。

(2)实验报告

实验报告的形式见附图6。

3 轮、盘类零件测绘

3.1 实验目的

通过对轮、盘类零件的测绘，掌握游标卡尺、钢尺、圆角规、内外卡钳的使用方法，掌握正确绘制零件草图的方法与步骤。并对轮、盘类零件的视图选择、尺寸的标注以及技术要求的确定有概括的了解和初步的掌握。

3.2 实验要求

根据所给零件，正确选择表达方法，正确使用测量仪器测量零件尺寸，正确选择图纸幅面，目测估计图形与实物的比例，绘制零件草图，标注尺寸，制订并注写零件图的技术要求。

3.3 实验工具

游标卡尺、钢尺、内外卡钳、圆角规等。

3.4 实验内容及步骤

轮、盘类零件有手轮、带轮、飞轮、端盖和盘座等，如图3-10所示。这类零件一般在车床上加工，此类零件主视图按加工位置使轴线水平放置，一般需要两个基本视图。

①用H铅笔画出图框、标题栏框等，进行视图布局，画出作图的基准线，以确定各视图的位置。

②根据确定的表达方案，按照加工位置，将轴线水平放置作为主视图，并采取适当剖视。此外，这类零件常有沿圆周分布的孔、槽和轮辐等结构，因此需要用左(或右)视图表示这些结构的形状和分布情况。

图 3-10　泵盖模型

③尺寸标注是以主要回转轴线作为径向尺寸基准,以要求切削加工的大端面或安装的定位端面作为轴向尺寸基准。内外结构尺寸分开并集中在非圆视图中注出。在圆视图上标注键槽尺寸和分布的各孔以及轮辐等尺寸。某些细小结构的尺寸,多集中在剖视图上标注出。

④填写技术要求和标题栏。

⑤认真检查,然后用 B 铅笔按国家标准线型要求加深图线。

3.5　实验报告

(1)实验报告的要求

做到布局合理,线型分明,比例匀称,图面整洁,标注规范。未注明铸造圆角半径为 2 ~ 3 mm,零件的表面结构要求如下:

①90°锥孔及销孔工作面$\sqrt{Ra\ 0.8}$;

②配合表面$\sqrt{Ra\ 1.6}$;

③与泵体接触表面$\sqrt{Ra\ 3.2}$;

④螺栓连接用阶梯孔$\sqrt{Ra\ 12.5}$;

⑤其余孔$\sqrt{Ra\ 6.3}$;

⑥其余表面$\circ\!\!\sqrt{}$。

(2)实验报告

实验报告的形式见附图 1。

4　叉、杆类零件测绘

4.1　实验目的

通过对叉、杆类零件的测绘,掌握游标卡尺、高度游标卡尺、量角器的使用方法,掌握正确绘制零件草图的方法与步骤。并对叉、杆类零件的视图选择、尺寸标注以及技术要求的确定有概括的了解和初步掌握。

4.2　实验要求

根据所给的零件,正确选择表达方法,正确使用测量仪器测量零件尺寸,正确选择图纸的幅面，以目测估计图形与实物的比例，绘制零件草图，标注尺寸，制订并注写零件图的技术要求。

4.3 实验工具

游标卡尺、高度游标卡尺、量角器、圆角规、螺纹规等。

4.4 实验内容及步骤

叉、杆类零件包括杠杆、连杆、拨叉、支架等，此类零件的结构形状有时比较复杂，还常有倾斜或弯曲的结构，如图3-11所示。工作位置往往不固定，加工工序较多，因此一般以反映其形状特征较明显的视图作为主视图，常需两个或两个以上的基本视图。

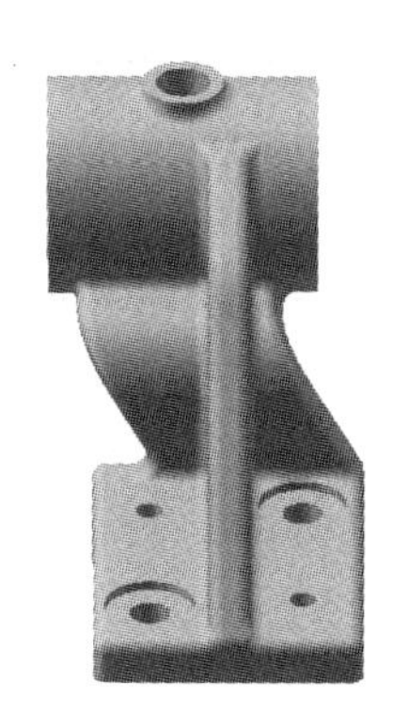

图3-11　支架的模型

①视图布局用H铅笔画出图框、标题栏框等，然后画出作图的基准线，以确定各视图的位置。

②根据确定的表达方案，选择最能反映支架形状特征的视图为主视图，选取仰视图以反映底板的形状，再选择局部剖的左视图来表达圆柱孔的内部结构。

③画零件的细微结构部分，并用两个移出断面图分别表达肋板和支板的厚度。

④尺寸标注是以各方向主要孔的轴线、主要安装面和主要对称面作为尺寸基准。主要孔到安装面的距离、底板孔距等重要尺寸应首先标注。标注尺寸时，应反映出零件的毛坯及其机械加工方法等特点。

⑤填写技术要求和标题栏。

⑥认真检查，然后用B铅笔按国家标准线型要求加深图线。

4.5 实验报告

(1)实验报告的要求

应该做到布局合理，线型分明，比例匀称，图面整洁，标注规范。未注明铸造圆角半径为2～3 mm，零件的表面结构要求如下：

①销孔工作面$\sqrt{Ra\ 1.6}$；

②配合表面$\sqrt{Ra\ 1.6}$；

③工作表面$\sqrt{Ra\ 6.3}$；

④阶梯孔$\sqrt{Ra\ 12.5}$；

⑤其余表面$\sqrt{\circ}$。

(2)实验报告

实验报告的形式如图3-12所示。

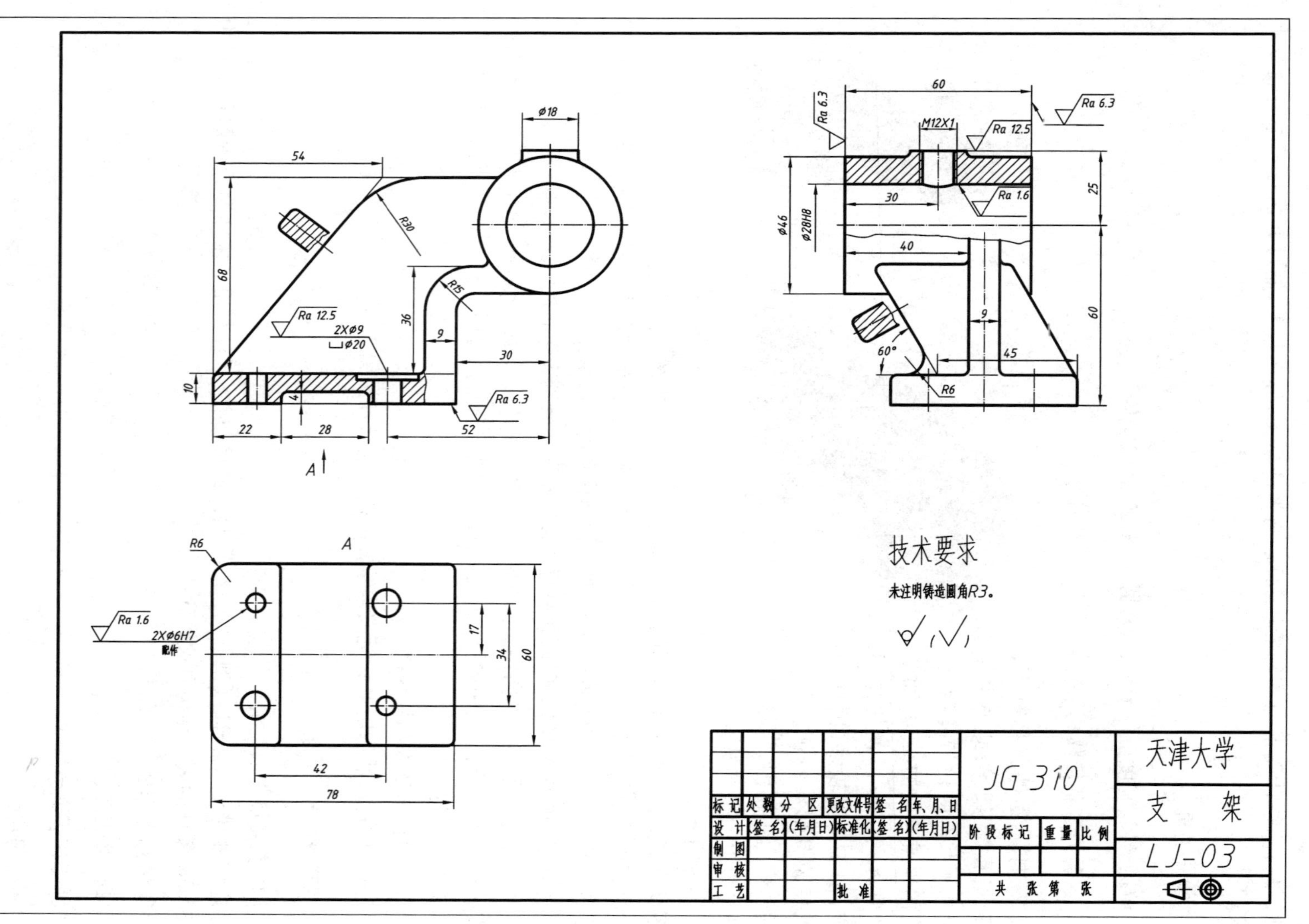
技术要求
未注明铸造圆角R3。
JG 310
天津大学
支　架
LJ-03
标记 处数 分区 更改文件号 签名 年、月、日
设计 (签名)(年月日) 标准化 (签名)(年月日)
阶段标记 重量 比例
制图
审核
工艺 批准
共 张 第 张

图 3-12　支架零件图

5 箱体类零件测绘

5.1 实验目的

通过对箱体类零件的测绘，初步掌握游标卡尺、高度游标卡尺、螺纹规、圆角规的使用方法，掌握正确绘制零件草图的方法与步骤。并对箱体类零件的视图选择、尺寸的标注以及技术要求的确定有概括的了解和初步的掌握。

5.2 实验要求

根据所给的零件，正确选择表达方法，正确使用测量仪器测量零件尺寸，正确选择图纸的幅面，目测估计图形与实物的比例，绘制零件草图，标注尺寸，制订并注写零件图的技术要求。

5.3 实验工具

游标卡尺、高度游标卡尺、螺纹规、圆角规等。

5.4 实验内容及步骤

箱体类零件包括机座、箱体和机壳等。此类零件的结构一般比较复杂，如图 3-13 所示，加工工序较多，其主视图一般按工作位置摆放，并且较明显地反映其形状特征，箱体类零件一般需三个或更多的基本视图。

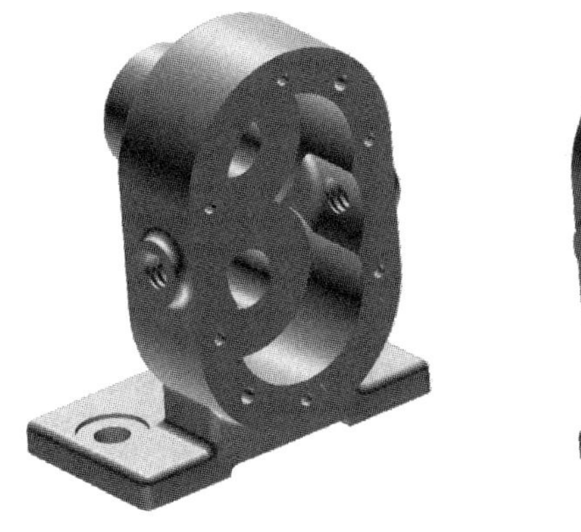
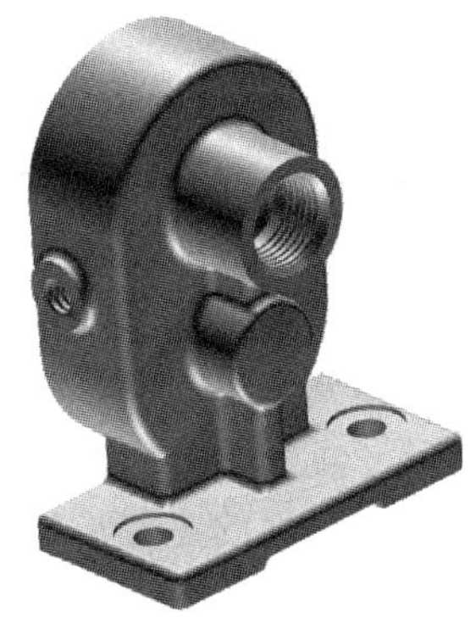

图 3-13　泵体的模型

①用 H 铅笔画出图框、标题栏框等，进行视图布局，画出作图的基准线，以确定各视图的位置。

②根据确定的表达方案，按照投影的对应关系画出各个视图，以表达零件的各部分结构形状。主视图按泵体的工作位置即轴线水平放置画成全剖视图，反映泵体内、外形状特点以及进出油口位置、连接孔的深度等；左视图采用局部剖视图，表达内腔和进出油孔的位置及安装孔的情况等；俯视图采用全剖视图，用来表达连接板与肋板的 T 字形断面及安装板的形状、安装板上孔的位置；右视图表达泵体外部形状特点。

③尺寸标注。箱体类零件的尺寸基准，一般要根据零件的结构和加工工艺的要求确定。

其高度方向的主要基准为主动轴孔的轴线，宽度方向的主要基准为对称平面，长度方向的主要基准为与泵盖相接触的左端面。

④填写技术要求和标题栏。

⑤认真检查，然后用 B 铅笔按国家标准线型要求加深图线。

5.5 实验报告

(1)实验报告的要求

应该做到布局合理，线型分明，比例匀称，图面整洁，标注规范。未注明铸造圆角半径为 2 ~3 mm，零件的表面结构要求如下：

①销孔工作面$\sqrt{Ra\ 0.8}$；

②箱体内部配合表面及与齿轮接触表面$\sqrt{Ra\ 1.6}$；

③与泵盖、填料压盖接触表面$\sqrt{Ra\ 3.2}$；

④倒角表面$\sqrt{Ra\ 12.5}$；

⑤其余加工面$\sqrt{Ra\ 6.3}$；

⑥其余表面$\sqrt{\circ}$。

(2)实验报告

实验报告的形式见附图 3。

思考题

1. 传动轴上通常有哪些主要结构？
2. 确定倒角和螺纹退刀槽尺寸的方法是什么？
3. 测量轴和孔的直径尺寸的量具主要有哪些？
4. 如何确定轮、盘类零件轴向尺寸的主要基准？
5. 轮、盘类零件除了主视图外一般还采用什么图形表达其结构特征？
6. 叉、杆类零件上通常有哪些主要结构特征？
7. 叉、杆类零件除了主视图外一般还采用什么图形表达其结构？
8. 如何确定叉、杆类零件的主要基准？
9. 如何测量两孔的中心距？
10. 箱体类零件的结构特点及主要技术要求有哪些？这些要求对保证箱体零件在机器中的作用和机器的性能有何影响？
11. 选择箱体类零件定位基准时，应考虑哪些问题？
12. 选择箱体类零件的视图时，如何确定主视图的投射方向？
13. 零件草图与零件工作图有哪些异同？
14. 零件测绘的正确步骤有哪些？

第4章　典型部件测绘指导

1　实验目的

①初步掌握装配体的测绘方法和步骤。
②掌握装配图的表达方法。
③进一步练习零件的测绘方法和步骤及零件草图、零件工作图的绘制方法。
④掌握公差配合的标注方法。

2　实验要求

根据测绘的齿轮油泵，绘制出齿轮油泵组成零件的零件图，并绘制出齿轮油泵的装配图。

3　实验工具

测绘用部件(齿轮油泵)，游标卡尺，直尺，内卡钳，外卡钳，螺纹规，圆角规等。

4　实验内容及步骤

4.1　实验内容

根据图4-1所示齿轮油泵，了解齿轮油泵的用途，利用所给测量仪器测量出齿轮油泵除标准件外所有零件的尺寸，绘制齿轮油泵主要零件的草图，正确标注尺寸，制订齿轮油泵主要零件的技术要求，并绘制零件图。根据零件图绘制出齿轮油泵装配图。

图4-1　齿轮油泵

4.2 实验步骤

4.2.1 了解和分析测绘对象

测绘前首先要对部件进行分析研究，阅读有关的说明书、资料，参阅同类产品图样，了解部件的用途、工作原理、结构特点和零件间的装配关系。齿轮油泵分解图如图 4-2 所示。

图 4-2 齿轮油泵分解图

（1）用途

该齿轮油泵为液压系统中的一种能量转换装置，是机器中润滑、冷却和液压传动系统中获得高压油的主要设备。

（2）工作原理

该齿轮油泵装配示意图如图 4-3 所示，明细表如表 4-1 所示。其结构为在泵体 4 内装有 2 个齿轮轴，一个是主动轴 8，另一个是从动轴 15（均由泵体 4、泵盖 1 支承），动力通过主动轴上的主动齿轮 17（主动轴与主动齿轮用键 18 联结），传递并带动从动轴 15 旋转。当主动齿轮 17 按逆时针方向旋转时，泵体右端吸油腔形成真空，低压油被吸入并充满齿槽。随着齿轮的旋转，润滑油沿着泵体内壁被带到左端油腔内，由于齿轮啮合使齿槽内润滑油被挤压，从而产生高压油输出。

该齿轮油泵在 950 r/min 时，油压应为 1.4 MPa。泵在运行时，若出口或管路系统阻塞，出口油压增高将造成油路系统设备或泵体的损坏。为防止事故，在泵盖上附有安全阀装置，它由螺塞 10、垫片 9、弹簧 11 和钢球 12 组成。当油压超过 1.4 MPa 时，高压油克服弹簧压力将钢球顶开，使出口处的油经安全阀复回至进口处，形成了油在泵体内部的循环，以保证整个润滑系统安全工作。

填料 5、垫片 3、垫片 9 主要起密封防漏作用。垫片 3 的厚度可以起到调节齿轮两侧面间隙的作用。

齿轮油泵主要的装配干线一个是主动齿轮和主动轴，装在该主动轴上的齿轮与另一个齿轮构成齿轮副啮合，主动轴的伸出端有一个密封装置；另一个装配关系是泵盖与泵体的连接关系，二者用 6 个螺栓 13 连接，2 个圆柱销 2 定位，为防止油泄漏，泵盖与泵体间有密封垫片 3。

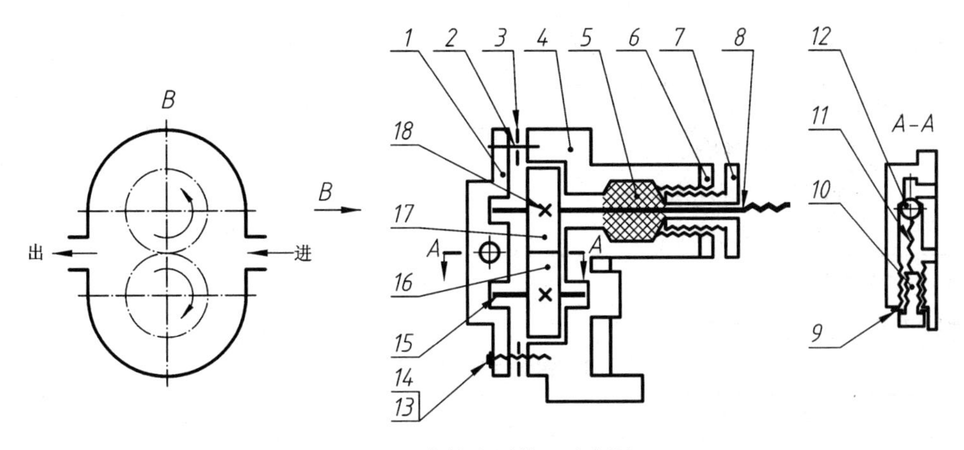

图 4-3　齿轮油泵装配示意图

表 4-1　齿轮油泵明细表

序号	代号	零件名称	材料	数量	备注
1		泵盖	HT200	1	
2	GB/T 119.2	销 5×20	35	2	
3		垫片	工业用纸	1	
4		泵体	HT200	1	
5		填料	石棉		
6		锁紧螺母	Q235－A	1	
7		填料压盖	ZQSn6－6－3	1	
8		主动轴	45	1	
9		垫片	工业用纸	1	
10		螺塞	Q235－A	1	
11		弹簧	65Mn	1	
12	GB/T 308	钢球 1/2CⅢ	GCr6	1	
13	GB/T 5783	螺栓 M6×20	Q235－A	6	
14	GB/T 97.1	垫圈 6	Q235－A	6	
15		从动轴	45	1	
16		从动齿轮	45	1	$m=3,z=14$
17		主动齿轮	45	1	$m=3,z=14$
18	GB/T 1096	键 6×6×14	45	1	

(3)装配关系

1)配合零件

配合零件的配合代号见表 4-2。

表 4-2　配合零件的配合代号

配　合　零　件	配　合　代　号
主动轴 8 与泵体 4、泵盖 1	H8/f7

续表

配合零件	配合代号
主动齿轮 17、从动齿轮 16 与泵体 4	H8/f7
主动轴 8 与主动齿轮 17	H7/k6
从动轴 15 与泵体 4、泵盖 1	H8/f7
从动轴 15 与从动齿轮 16	H8/f7

2）螺纹连接的零件

螺纹连接的公差带代号见表 4-3。

表 4-3　螺纹连接的公差带代号

螺纹连接零件	螺纹连接尺寸
填料压盖 7 与泵体 4	M27 × 1.5
螺塞 10 与泵盖 1	G3/8A

4.2.2　拆卸零部件和测量尺寸

（1）拆卸零部件

拆卸零件的过程也是进一步了解部件中各零件作用、结构、装配关系的过程。在初步了解部件工作原理及结构的基础上，要按照主要装配关系和装配干线依次拆卸各零件，通过对各零件的作用和结构的仔细分析，进一步了解各零件间的装配关系。要特别注意零件间的配合关系，弄清其配合性质。拆卸时为了避免零件的丢失与混乱，一方面要妥善保管零件，另一方面可对各零件进行编号，并分清标准件与非标准件，进行相应的记录。对不可拆连接和过盈配合的零件尽量不拆，以免影响装配体的性能及精度，同时拆卸时使用工具要得当。

为便于装配体被拆散后仍能装配复原，在拆卸过程中应尽量做好原始记录，最简便常用的方法是绘制装配示意图。

装配示意图是在部件装配拆卸过程中所画的记录图样。它的主要作用是避免零件拆卸后可能产生的错乱，是重新装配和绘制装配图的依据。画装配示意图时，一般用简单的线条和符号表达各零件的大致轮廓，如图 4-3 所示齿轮油泵装配示意图中的泵体；甚至用单线来表示零件的基本特征，如图 4-3 中的销 2 和螺栓 13 等。画装配示意图时，通常对各零件的表达不受前后层次的限制，尽量把所有零件集中在一个图形上。如确有必要，可增加其他图形。画装配示意图的顺序，一般可从主要零件着手，由内向外扩展，按装配顺序把其他零件逐个画上。例如，画齿轮油泵装配示意图时，可先画泵体，再画主动轴和从动轴，其次画键、主动齿轮、从动齿轮、填料压盖和压紧螺母，最后画垫片、销、螺栓和泵盖等其他零件，相邻两个零件的接触面之间最好画出间隙，以便区别。对轴承、弹簧及齿轮等零件，可按《机械制图》国家标准规定的符号绘制。图形画好后，各零件编上序号，并列表注明各零件名称、数量、材料、规格等，如表 4-1 所示。对于标准件要及时确定其尺寸规格，可连同数量直接注写在装配示意图上。

（2）测量尺寸

常用的测量工具及测量方法见零件测绘，一些重要的装配尺寸，如零件间的相对位置尺寸、极限位置尺寸、装配间隙等要先进行测量，并做好记录，以使重新装配时能保持原来的要求。拆卸后要将各零件编号（与装配示意图上编号一致），系上标签，妥善保管，避免散失和错乱，还要防止生锈，对精度高的零件应防止碰伤和变形，以便重新装配时仍能保证部件的性能要求。

4.2.3 画零件草图

组成装配体的每一个零件，除标准件外，都应测绘出草图，画装配体的零件草图时，应尽可能注意到零件间的尺寸的协调。

测绘时由于工作条件的限制，常常徒手绘制各零件的图样。零件草图是画装配图的依据，因此它的内容和要求与零件图是一致的。零件的工艺结构，如倒角、退刀槽、中心孔等要全部表达清楚。画草图时要注意配合零件的基本尺寸要一致，测量后同时标注在有关零件的草图上，并确定其公差配合的要求。有些重要尺寸（如泵体上安装传动齿轮的轴孔中心距），要通过计算与齿轮的中心距一致。标准结构的尺寸应查阅有关手册确定，一般尺寸测量后通常都要圆整，重要的直径要取标准值，如安装滚动轴承的轴径要与滚动轴承内径尺寸一致等。附图1至附图12是齿轮油泵主要零件的零件图。

4.2.4 画装配图

根据零件草图和装配示意图画出装配图。在画装配图时，应对零件草图上可能出现的差错予以纠正。根据画好的装配图及零件草图再画零件图，对草图中的尺寸配置等可作适当的调整和重新布置。

绘制装配图前，要对绘制好的装配示意图和零件草图等资料进行分析、整理，对所要绘制部件的工作原理、结构特点及各零件间的装配关系作进一步的了解，拟定表达方案和绘图步骤，最后完成装配图的绘制。

（1）拟定表达方案

1）确定装配体位置

通常将装配体按工作位置放置，使装配体的主要轴线或主要安装面呈水平或垂直放置。

2）确定主视图的方向

因装配体由许多零件装配而成，所以通常以最能反映装配体结构特点和较多反映装配关系的一面作为主视图的投射方向。

3）选择其他视图

选用较少数量的视图、剖视图、断面图等，准确、完整、简便地表达出各零件的形状及装配关系。

齿轮油泵的主视图采用沿主要装配干线的全剖视的表达方法，从而将齿轮油泵中主要零件的相互位置及装配关系等表达出来。左视图采用局部剖视图，表达吸油口及安装孔的形状。俯视图采用局部剖视图表达安全阀装置的结构原理，如附图13所示。

（2）装配图画图步骤

根据拟定的表达方案，即可按以下步骤绘制装配图。

1）选比例、定图幅、布图

按照部件的复杂程度和表达方案，选取装配图的绘图比例和图纸幅面。布图时，要注意留出标注尺寸、编序号、明细栏和标题栏以及填写技术要求的位置。在做好以上准备工作后，即可画图框、标题栏、明细栏，画各视图的主要基准线。

2）按装配关系依次绘制零件的投影

按齿轮油泵的主要装配干线逐个绘制主要零件的投影。画图顺序为泵体→泵盖→轴→齿轮→其他零件。

画图时应注意以下几点：

①齿轮的两端面应与泵体、泵盖相接触，作图时应画成一条线；

②垫片很薄，画图时应夸大画出；

③填料压盖压紧填料时，进入泵体约 10 mm 为宜；

④齿轮油泵进出油口的尺寸均为 G1/4；

⑤主动轴 8 与从动轴 15 的中心距为 $42^{+0.045}_{0}$；

⑥主动轴 8 的轴线至安装板底面的高度为 92 mm。

3）完成装配图

标注必要的尺寸，编写序号，填写明细栏和标题栏，填写技术要求，完成装配图。

（3）装配图绘图注意事项

①圆柱销直径 5 mm，垫片孔直径 6 mm，装配后二者之间有间隙，用夸大画法绘出，如图 4-4 所示。

②螺栓公称直径 6 mm，垫片孔直径 7 mm，泵盖孔直径 7 mm，装配后有间隙，用夸大画法绘出，如图 4-5 所示。

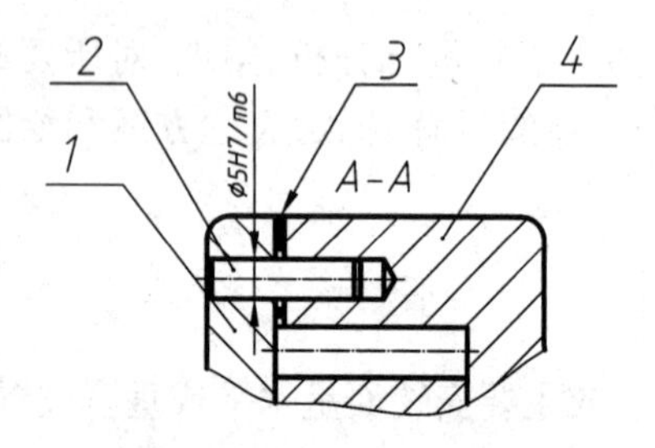

图 4-4　泵盖、圆柱销、垫片与泵体装配结构

1—泵盖　2—圆柱销　3—垫片　4—泵体

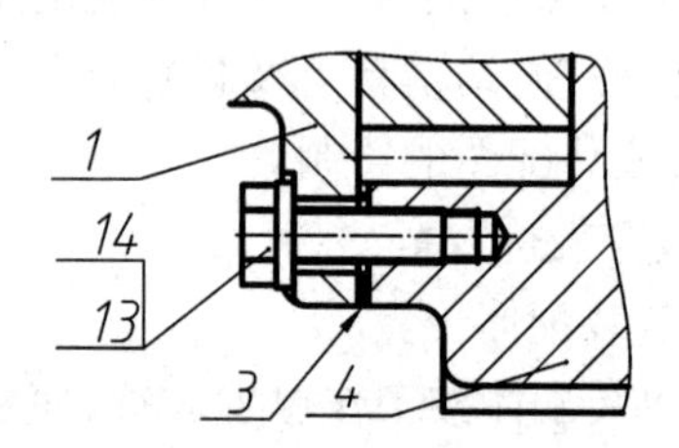

图 4-5　垫片、螺栓、垫圈与泵盖装配结构

1—泵盖　3—垫片　4—泵体　13—螺栓　14—垫圈

③键联结利用局部剖视图表达，注意键槽的投影；键的顶面与主动齿轮键槽之间的间隙用夸大画法表示；齿轮啮合区结构分别有主动齿轮的齿顶线与齿根线，从动齿轮的齿顶线（虚线可省略）与齿根线，两齿轮的节线相切画一条点画线，如图 4-6 所示。

④主动轴的直径为 18 mm，填料压盖的孔径为 18.5 mm，装配后二者之间有间隙，用夸大画法绘出，填料压盖压紧填料时，进入泵体 10 mm 左右，如图 4-7 所示。

⑤垫片内径 17 mm，螺塞尺寸代号 G3/8A，大径为 16.662 mm，如图 4-8 所示。

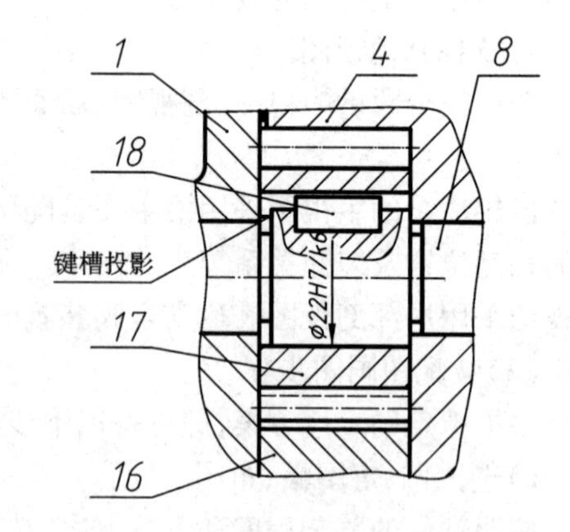

图 4-6　键联结、齿轮啮合结构

1—泵盖　4—泵体　8—主动轴　16—从动齿轮　17—主动齿轮　18—键

⑥垫片内孔直径 50 mm，主动齿轮和从动齿轮的齿顶圆直径 48 mm，在俯视图中应正确表示二者的宽度；泵体进、出油孔结构的长度均为 22 mm，齿轮轴向长度为 25 mm，在俯视图中正确表示二者的长度，如图 4-9 所示。

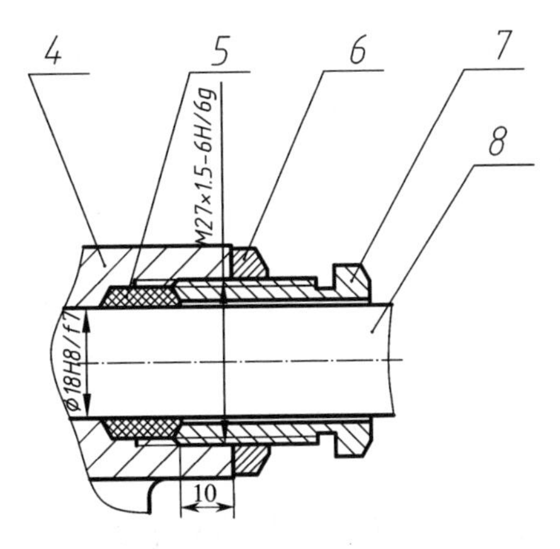

图 4-7　泵体、填料与填料压盖、锁紧螺母装配结构

4—泵体　5—填料　6—锁紧螺母　7—填料压盖　8—主动轴

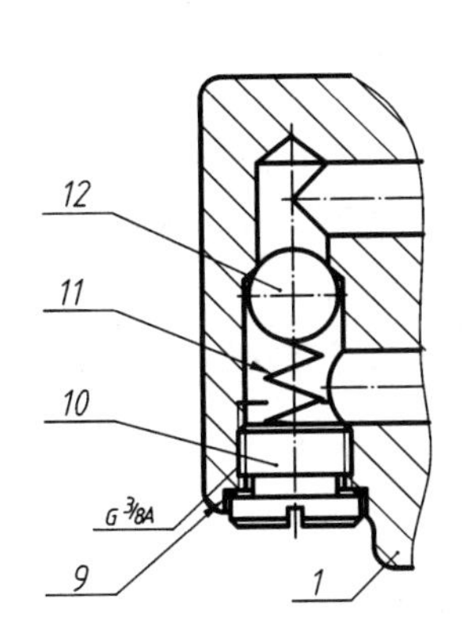

图 4-8　垫片、螺塞、弹簧、钢球与泵盖装配结构

1—泵盖　9—垫片　10—螺塞　11—弹簧　12—钢球

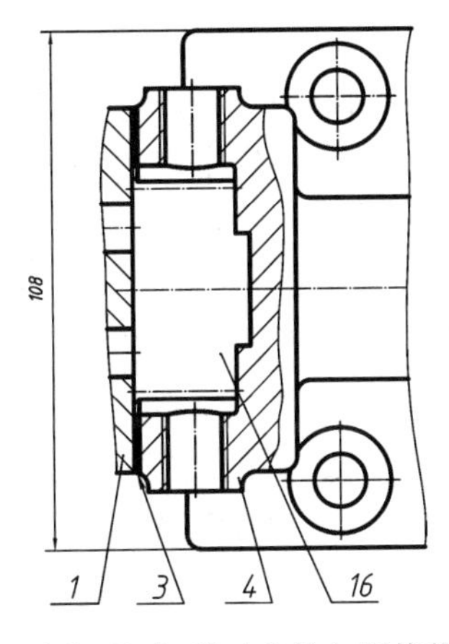

图 4-9　泵盖、垫片、从动齿轮与泵体装配结构

1—泵盖　3—垫片　4—泵体　16—从动齿轮

4.2.5　齿轮油泵技术要求

①油泵额定压力 1.4 MPa。

②当转速为 950 r/min 时，最大输油量为 15 L/min。

③泵盖与齿轮的端面为间隙配合，其间隙用垫片调节。

④油泵装配好后，用手转动主动轴，不得有卡阻现象。

⑤油泵装配好后，不应有渗漏现象。

5　实验报告

5.5.1　实验报告要求

①在 A4 图纸上绘制主动轴 8 的零件草图。

②在 A3 图纸上绘制泵盖 1 的零件草图。

③在 A3 图纸上绘制泵体 4 的零件草图。

④在 A3 图纸上绘制泵体 4 的零件图。

⑤在 A2 图纸上由齿轮油泵零件图拼画出齿轮油泵装配图。

⑥图中要求布局合理,字体端正,线型分明,比例匀称,图面整洁。

⑦标题栏绘制要求如下。

i. 制图:姓名,日期,5 号字。

ii. 比例:1∶1,5 号字。

iii. 单位名称:学校、专业、班级,10 号字。

iv. 图样名称:齿轮油泵,10 号字。

v. 图号:学号后三位——PT01—00,10 号字。

5.5.2 实验报告形式

实验报告形式如附图 6、附图 1、附图 3 和附图 13 所示。

思考题

1. 零件测绘一般在何种情况下进行?画出零件草图或零件工作图。
2. 箱体类零件的主视图一般应按何种位置摆放?
3. 两个用不去除材料方法获得的表面相交时,其相交处应画成何种图线线型?
4. 由于铸造圆角的存在,故该处的相贯线或截交线应画成过渡线,其为何种线型?
5. 测量零件上孔的直径时,通常使用何种测绘工具?
6. 要测得两孔的中心距或某个孔的中心高,通常采用何种测量方法?
7. 试述齿轮油泵的拆装顺序。
8. 如何确定主动齿轮和从动齿轮的模数 m?
9. 如何保证泵体、泵盖、垫片的外形尺寸的一致性?
10. 如何保证泵体、泵盖和垫片上安装螺栓的螺纹孔、通孔的定位尺寸的一致性?
11. 试述装配图的作用、内容、图样画法、表达重点和作图步骤。
12. 齿轮油泵装配图中采用了哪些装配图的特殊图样画法?
13. 齿轮油泵中垫片的作用是什么?

第 5 章　AutoCAD 软件基本操作应用指导

AutoCAD 是美国 Autodesk 公司于 1982 年推出的通用计算机辅助绘图及设计软件包，广泛应用于机械、电子、土木建筑、船舶、地质勘探和装潢设计等行业。它在全世界拥有众多的用户，是目前在微机上运行的功能最强、最受欢迎的计算机绘图及设计软件之一。AutoCAD 经过多次升级，已从当初相对简单的功能发展到具备大型 CAD 系统所必需的功能。与以前的版本相比，AutoCAD 2010 在界面、速度、功能和使用简便性等方面都有相当大的提高，本章介绍的内容适用于 AutoCAD 2010 及以上版本。

1　绘制平面图形

1.1　实验目的

①熟悉 AutoCAD 用户界面及基本操作。

②学会设置图层、创建用户样板图。

③学会使用 AutoCAD 的基本绘图命令和编辑命令绘制平面图形。

1.2　实验要求

正确使用 AutoCAD 软件绘制平面图形。

1.3　实验工具

AutoCAD 软件，计算机。

1.4　实验内容及步骤

绘制图 5-1 所示手柄，不注尺寸。

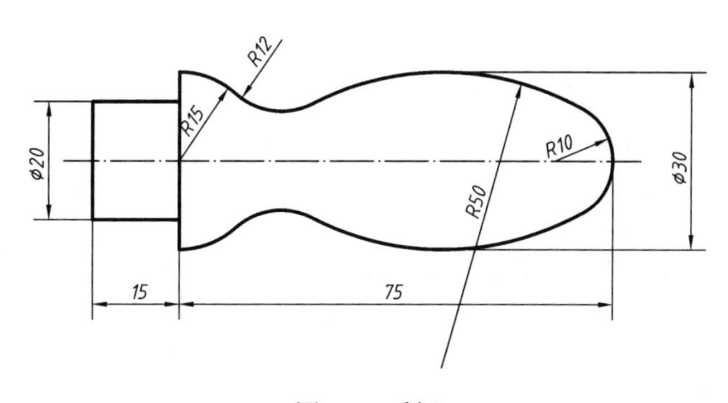

图 5-1　手柄

下面给出的作图方法和步骤并不唯一，仅供参考。

1.4.1 启动 AutoCAD

双击 AutoCAD 快捷菜单,启动 AutoCAD。

1.4.2 建立 A4 样板图

①使用“LIMITS”(图形界限)命令设置绘图界限,如 A4 图纸设为 210 × 297,再使用“ZOOM”(缩放)命令的选项“All”(全部)缩放绘图窗口。

②使用“LAYER”(图层)命令设置图层、线型及颜色等(结果见图 5-2):

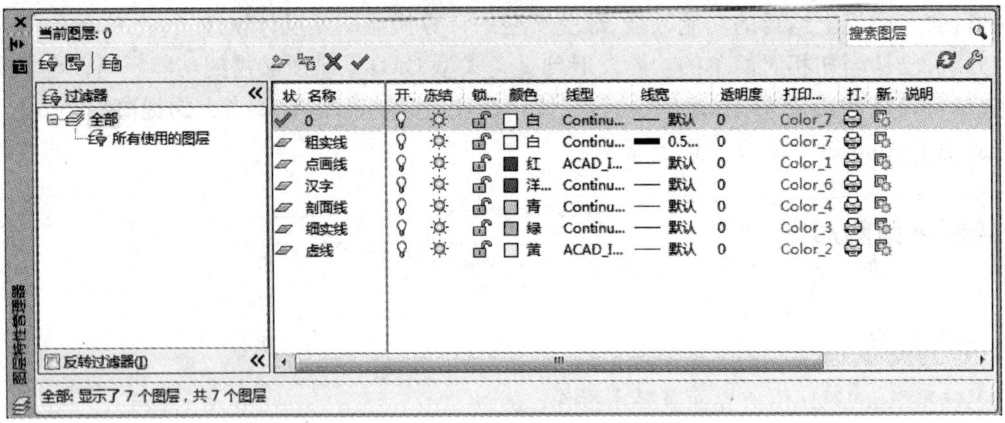

图 5-2　设置图层

i)“粗实线”层,线型为“Continuous”,颜色为“白”,线宽为“0.5 mm”,用于画粗实线;

ii)“点画线”层,线型为“ACAD _ ISO04W100”,颜色为“红”,用于画点画线;

iii)“细实线”层,线型为“Continuous”,颜色为“绿”,用于画细实线、尺寸线等;

iv)“剖面线”层,线型为“Continuous”,颜色为“青”,用于画剖面线;

v)“虚线”层,线型为“ACAD _ ISO02W100”,颜色为“黄”,用于画虚线;

vi)“汉字”层,线型为“Continuous”,颜色为“洋红”,用于书写汉字;

vii)使用“LTSCALE”命令设置线型全局比例因子为 0.25。

③执行“SAVE”(保存)命令,将图形保存为“A4.dwt”样板图文件。

1.4.3 作图

画已知线段→画中间弧→画连接弧→画图框。

①首先打开用户样板图“A4.dwt”。

②单击状态栏中“正交模式”按钮,打开正交模式。

③将“粗实线”层设为当前层。

④画基准线,操作如下:

点击  →80,120 ↙→@100,0 ↙→↙(画出基准线 1)→↙→100,105 ↙→@0,30 ↙→↙(画出基准线 2)。

作图结果如图 5-3(a)所示。

⑤画矩形部分,操作如下:

点击 →15→单击基准线 2→单击基准线 2 左侧一点→↙→↙→10→单击基准线 1→单击基准线 1 上方一点→单击基准线 1→单击基准线 1 下方一点→↙。

作图结果如图 5-3(b)所示。

点击→↙(选择全部图线为剪切边)→单击有“ ×”标记的部位→↙。

修剪结果如图 5-3(c)所示。

⑥画已知圆弧部分,操作如下:

点击→INT ↙→单击两条基准线的交点→15 ↙→↙→@ 65,0 ↙→10 ↙。

作图结果如图 5-3(d)所示。

⑦画中间圆弧部分,操作如下:

点击→15 ↙→单击基准线 1→单击基准线 1 上方一点→↙。

点击→T ↙→单击直线 3→单击有“ ×”标记的部位→50 ↙。

作图结果如图 5-3(e)所示。

⑧画连接圆弧部分,操作如下:

点击→T ↙→单击 R50 的圆→单击 R15 的圆→12 ↙。

作图结果如图 5-3(f)所示。

⑨整理图形,操作如下:

点击→单击标有“□”标记的图线→↙。

使用“TRIM”命令整理图形,结果如图 5-3(g)所示。

⑩镜像复制图形,操作如下:

点击→↙→单击基准线 1 的左端点→单击基准线 1 的右端点→↙。

作图结果如图 5-3(h)所示。

⑪将基准线 1 改变为用点画线表示,操作如下:

点击→单击基准线 1→单击“特性”对话框的“图层”项右侧,在列表中选择“点画线”,然后关闭“特性”对话框,并按“ESC”键。最后,所绘图形如图 5-3(i)所示。

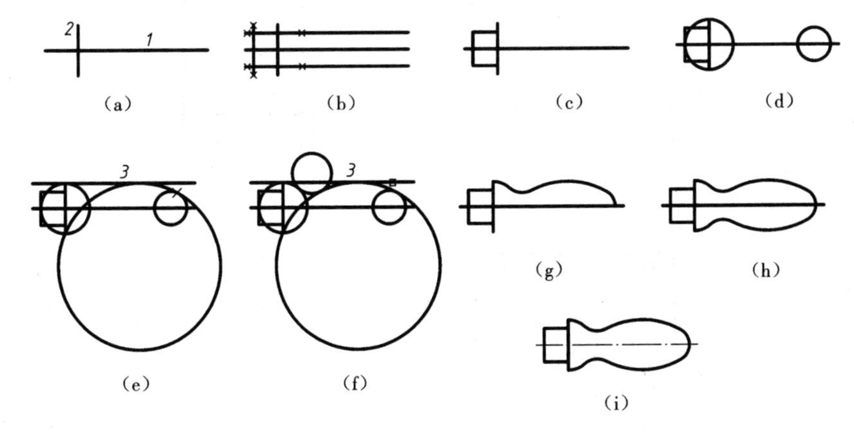

图 5-3　绘制手柄步骤和方法

(a)画基准线　(b)画矩形　(c)修剪图线　(d)画已知圆弧　(e)画中间圆弧
(f)画连接圆弧　(g)整理图形　(h)镜像图形　(i)修改并完成

⑫用“保存”命令将图形保存为“学号姓名－手柄.dwg”文件。

1.5　实验报告

①在 A4 图纸上按 1∶1比例画图 5-1 所示手柄平面图,粗实线宽度 d = 0.5 mm。
②要求布局合理,结构特征表达清楚,不需要标注尺寸。
③提交“学号姓名－手柄.dwg”图形文件。

2　绘制组合体三面投影图

2.1　实验目的

①学会绘制三面投影图的方法。
②学会使用 AutoCAD 的基本绘图命令和编辑命令绘制图形。

2.2　实验要求

正确使用 AutoCAD 软件绘制组合体的三面投影图;注意三个投影图一起画;根据作图需要,可随时进行显示的缩放操作。

2.3　实验工具

AutoCAD 软件,计算机。

2.4　实验内容及步骤

绘制图 5-4 所示组合体三面投影图,不注尺寸。

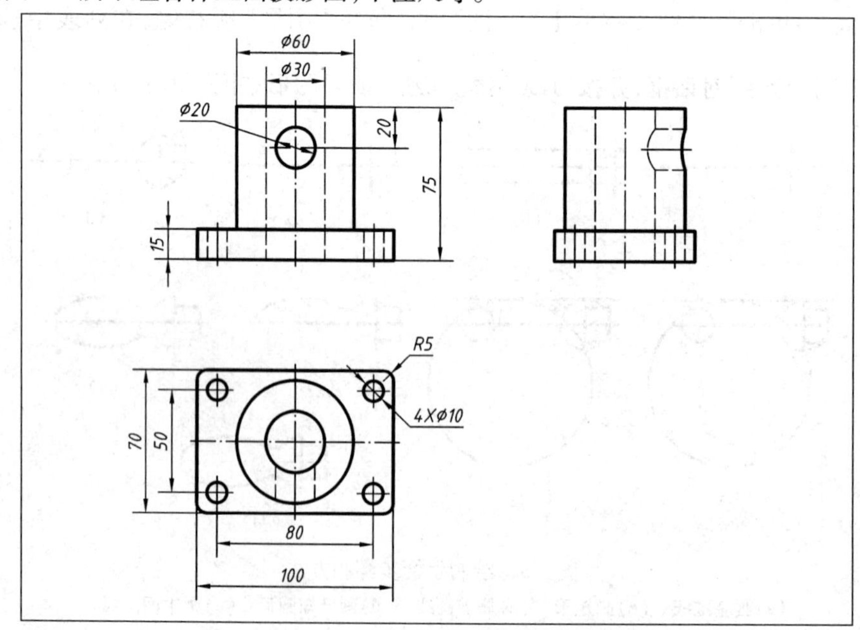

图 5-4　组合体的三面投影图及尺寸

2.4.1 启动 AutoCAD

双击 Auto CAD 快捷图标,启动 Auto CAD。

2.4.2 建立 A3 样板图

设置图层的方法参见 1.4.2 节,A3 图幅为 420 × 297。

2.4.3 画三面投影图

(1)绘制基准线

组合体的三面投影图要符合“长对正、高平齐、宽相等”的投影规律。因此,在绘制图形之前,应首先画出三面投影图的基准线,以确定其在图幅中的大致位置,如图 5-5 所示。

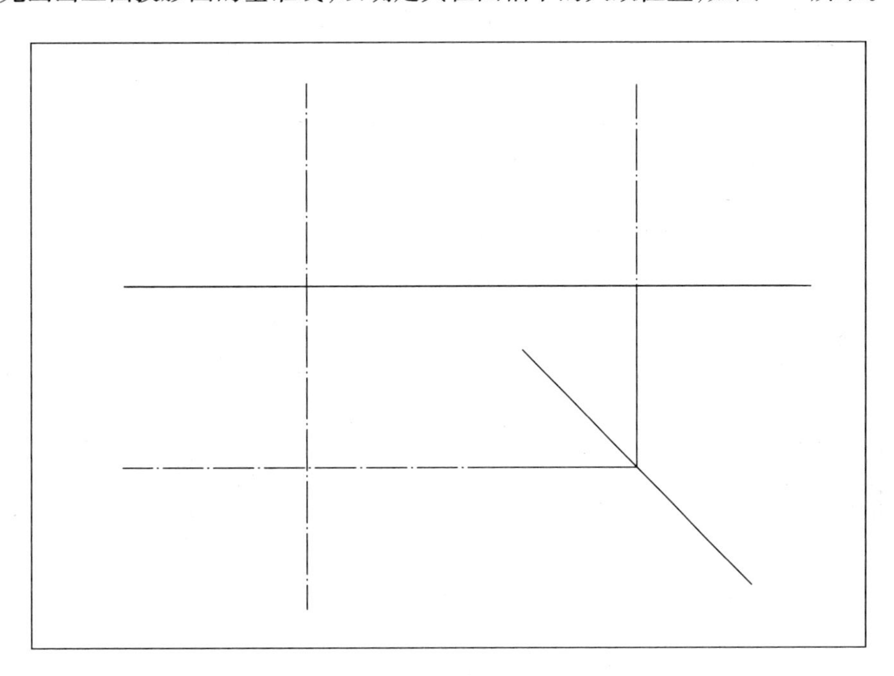

图 5-5　画基准线和 45°辅助作图线

(2)绘制底板

①用“OFFSET”(偏移)命令快速绘制底板三面投影图的大致轮廓,如图 5-6(a)所示。

②用“TRIM”(修剪)命令和“ERASE”(删除)命令去掉多余图线。

③用“PROPERTIES”(特性)命令更改部分图线到“粗实线”层,如图 5-6(b)所示。

(3)绘制空心圆柱

①在“粗实线”层,用“CIRCLE”(圆)命令画出空心圆柱的水平投影。

②在“粗实线”层,用“XLINE”(构造线)命令,“长对正”地画出外圆柱面的正面投影。

③在“虚线”层,用“XLINE”(构造线)命令,“长对正”地画出内圆柱面的正面投影。

④用“OFFSET”(偏移)命令画空心圆柱上底面的正面投影,结果见图 5-7(a)。

⑤用“TRIM”(修剪)命令和“ERASE”(删除)命令去掉多余图线。

⑥用“COPY”(复制)命令将圆筒的正面投影复制到侧面投影。

⑦用“LENGTHEN”(拉长)命令整理点画线,使其超出轮廓线 2 mm,如图 5-7(b)所示。

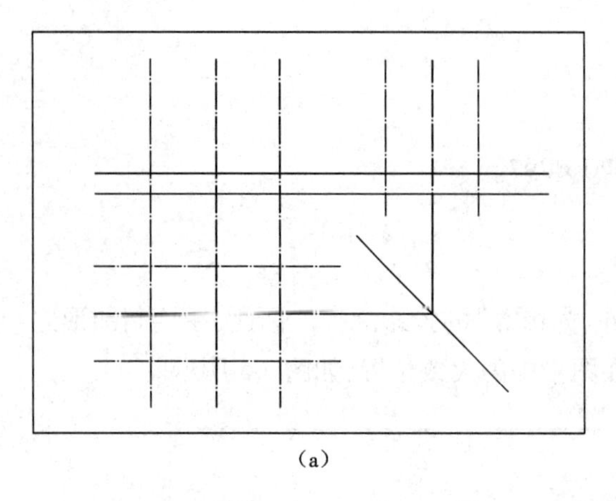
(a)

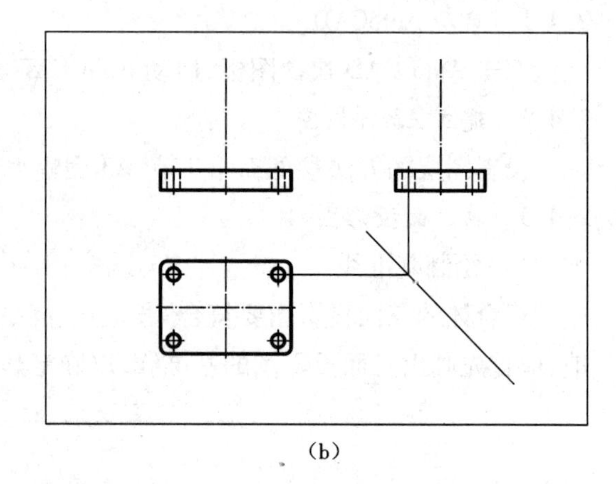
(b)

图 5-6　绘制底板的三面投影图

(a)偏移图线　(b)修改图形

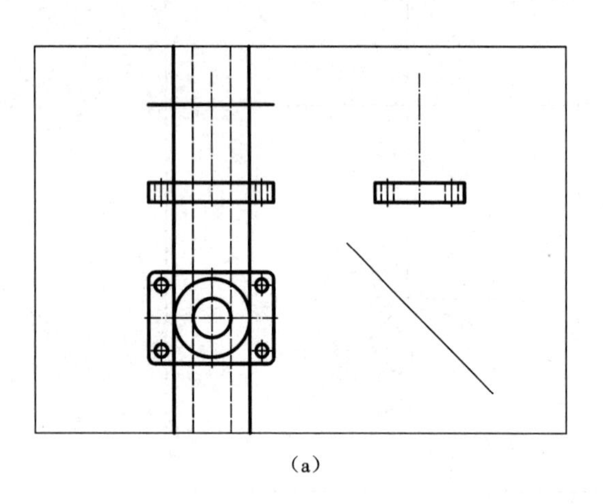
(a)

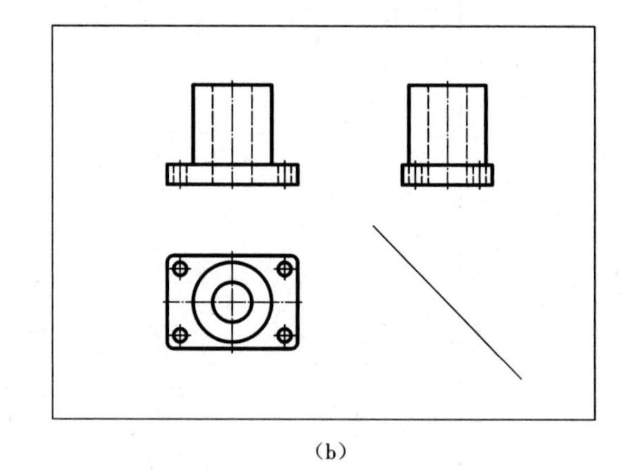
(b)

图 5-7　绘制空心圆柱的三面投影图

(a)偏移图线　(b)修改图形

(4)绘制圆柱孔

①在"粗实线"层,用"CIRCLE"(圆)命令画圆柱孔的正面投影。

②在"虚线"层,用"LINE"(直线)命令画圆柱孔的水平投影。

③在"虚线"层,用"XLINE"(构造线)命令及45°辅助作图线,按照"高平齐""宽相等"找到点 P_1 至 P_6 的侧面投影,结果见图 5-8(a)。

④在"虚线"层,用"CIRCLE(圆)"命令的过三点画圆法,画出圆柱孔与空心圆柱相贯线的侧面投影。

⑤在"虚线"层,用"LINE"(直线)命令画圆柱孔的侧面转向轮廓线的投影。

⑥用"TRIM"(修剪)命令和"ERASE"(删除)命令去掉多余图线。

⑦用"LENGTHEN"(拉长)命令整理点画线,使其超出轮廓线 2 mm,如图 5-8(b)所示。

(5)完成作图

删除作图辅助点 P_1 至 P_6,完成图 5-4 所示组合体的三面投影图(不标注尺寸),并将图形保存为“学号姓名－组合体. dwg”文件。

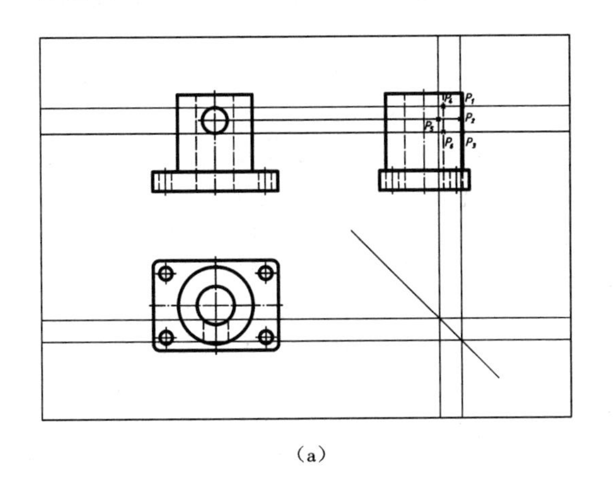

(a)

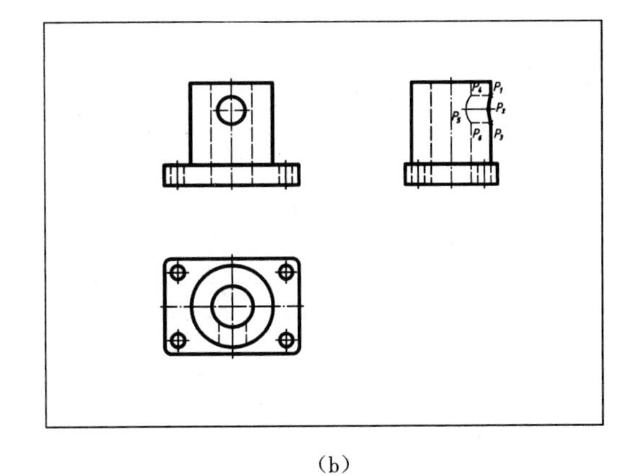

(b)

图 5-8　绘制圆柱孔的三面投影图

(a)相贯线“三点”近似画法　(b)修改图形

2.5　实验报告

①在 A3 图纸上,按 1∶1比例画图 5-4 所示组合体三面投影图,粗实线宽度 d = 0.5 mm。

②要求布局合理,结构特征表达清楚,不需要标注尺寸。

③提交“学号姓名－组合体. dwg”图形文件。

3　绘制零件图

3.1　实验目的

①学会设置文字样式的基本操作。

②学会设置尺寸样式及尺寸标注的基本操作。

③学会绘制零件图的方法。

3.2　实验要求

正确使用 AutoCAD 软件绘制零件图;注意尺寸公差和表面结构要求的注法。

3.3　实验工具

AutoCAD 软件,计算机。

3.4　实验内容及步骤

绘制如图 5-9 所示杠杆零件图。

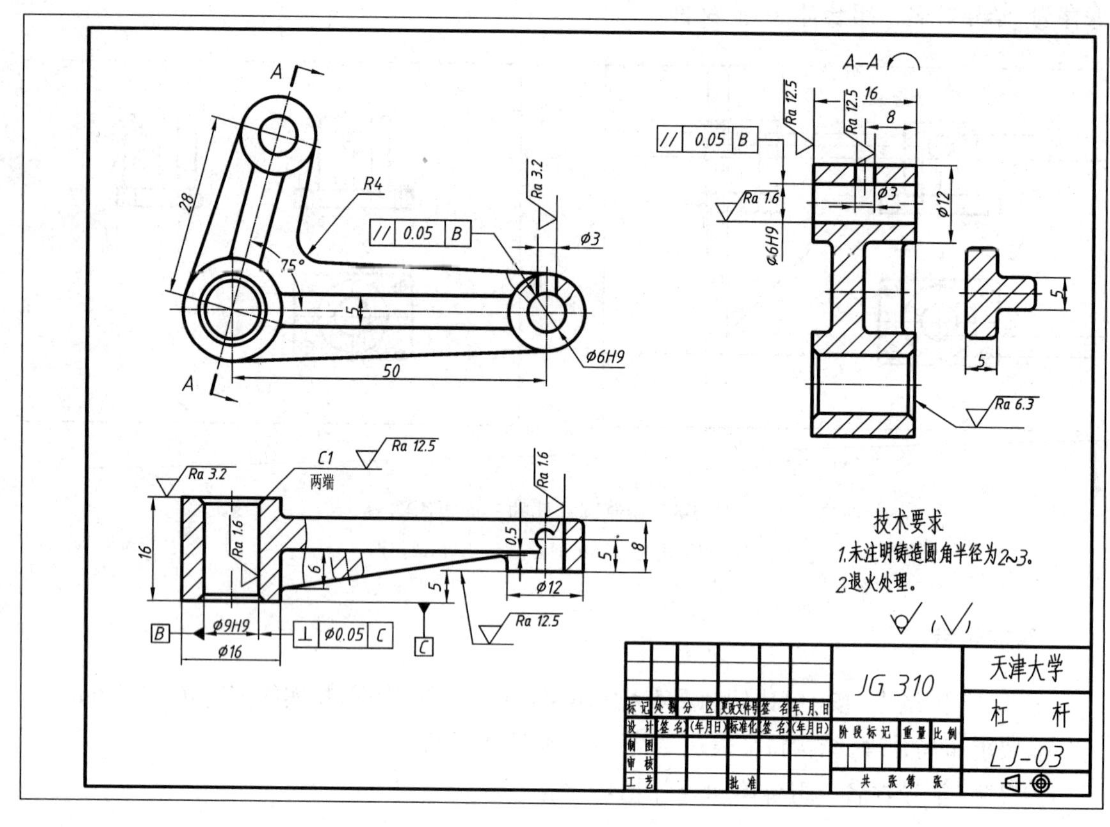

图 5-9　杠杆零件图

3.4.1　启动 AutoCAD

双击 Auto CAD 快捷图标,启动 Auto CAD。

3.4.2　设置文字样式

①使用“NEW”(新建)命令装入用户样板图“A3. dwt”。

②执行“STYLE”命令,显示“文字样式”对话框。

③单击“新建(N)...”按钮,显示“新建文字样式”对话框;输入新样式名“CAD 图样”后,单击“确定”按钮,返回“文字样式”对话框。

④单击“字体名(F)”下拉列表中的箭头,查找并选择“gbeitc. shx”。

⑤勾选“使用大字体(U)”复选框,并在“大字体(B)”下拉列表框中选择“gbcbig. shx”。

⑥“宽度因子(W)”设为 1.0000;“倾斜角度(O)”设为 0;“高度(T)”设为 0.0000。

⑦单击“应用”按钮,完成文字样式“CAD 图样”设置,如图 5-10 所示。

⑧使用“SAVEAS”(另存为)命令保存用户样板图“A3. dwt”。

3.4.3　设置尺寸标注样式

①使用“QNEW”(快速新建)或“NEW”(新建)命令装入用户样板图“A3. dwt”。

②执行“DIMSTYLE”(标注样式)命令,显示“标注样式管理器”对话框,如图 5-11 所示。

③单击“新建(N)...”按钮,弹出“创建新标注样式”对话框,键入“机械图样”新样式名(图 5-12),单击“继续”按钮,弹出“新建标注样式”对话框。

④设置“线”选项卡。在“尺寸线”区,设“基线间距(A)”的值为 7;在“尺寸界线”区,设

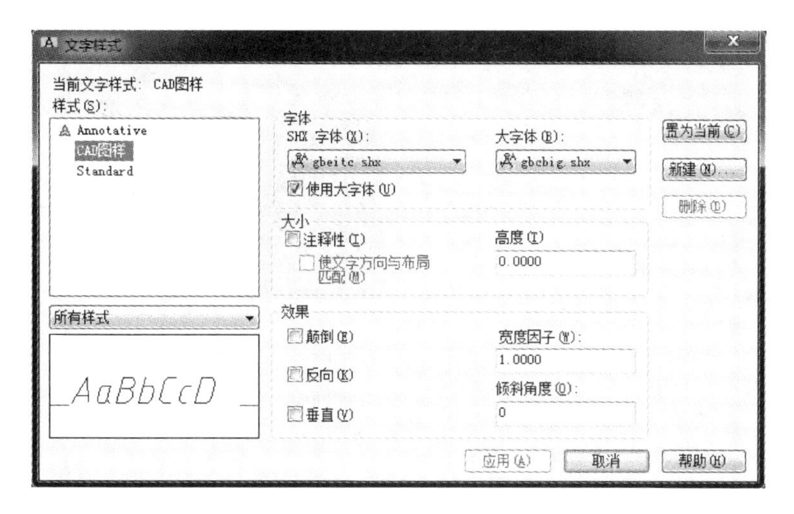

图 5-10 “文字样式”对话框

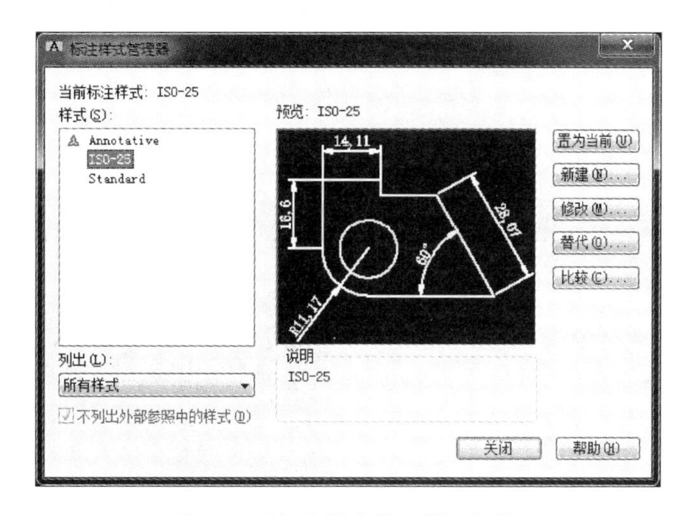

图 5-11 “标注样式管理器”对话框

图 5-12 “创建新标注样式”对话框

“超出尺寸线(X)”的值为 2,“起点偏移量(F)”的值为 0,如图 5-13 所示。

⑤设置“符号和箭头”选项卡。在“箭头”区,箭头形式设为“实心闭合”;“箭头大小(I)”的值一般等于字高,如设为 3. 5;在“圆心标记”区点取“无”;在“弧长符号”区点取“标注文字

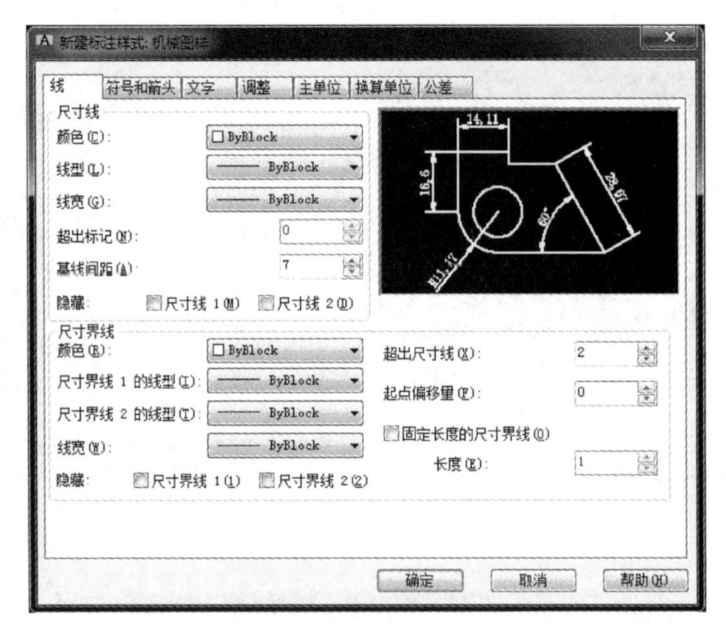

图 5-13　设置“线”选项卡

的前缀(P)”，如图 5-14 所示。

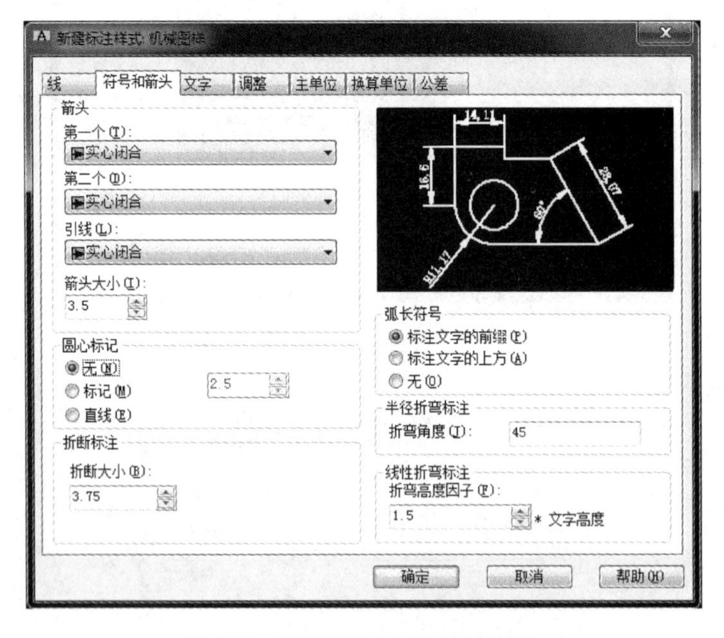

图 5-14　设置“符号和箭头”选项卡

⑥设置“文字”选项卡。在“文字外观”区选“文字样式(Y)”为“CAD 图样”；如果下拉列表中没有这个文字样式，则选取该选项右端的[...]按钮，新定义一种文字样式。设“文字高度(T)”的值为 3.5；在“文字位置”区设“从尺寸线偏移(O)”的值为 1。设“文字对齐(A)”为“与尺寸线对齐”，如图 5-15 所示。

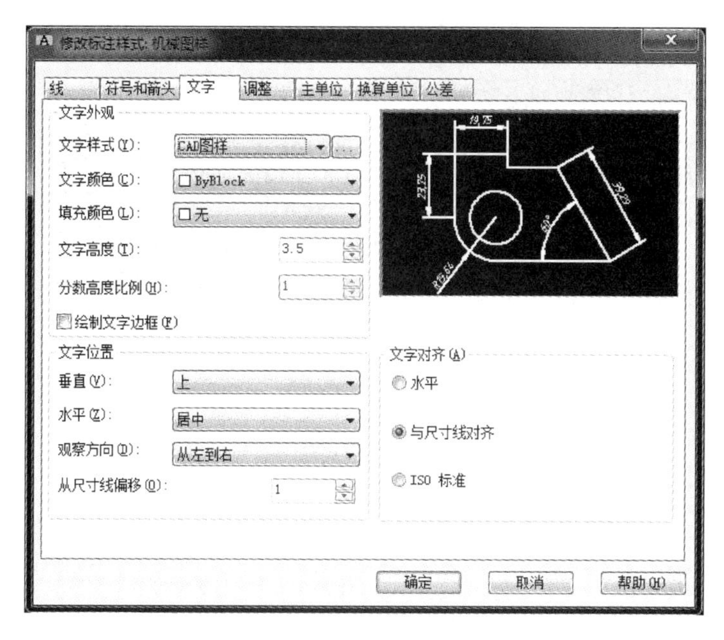

图 5-15　设置“文字”选项卡

⑦设置“调整”选项卡。在“调整选项(F)”区,选择“文字或箭头”;在“优化(T)”区,勾选“手动放置文字(P)”和“在尺寸界线之间绘制尺寸线(D)”,如图 5-16 所示。

图 5-16　设置“调整”选项卡

⑧设置“主单位”选项卡。在“线性标注”区,选择“小数分隔符(C)”为“.”(句点);“精度(P)”设为“0”,如图 5-17 所示。

⑨单击“确定”按钮,返回“标注样式管理器”对话框。在“样式(S)”列表框中增加了一个

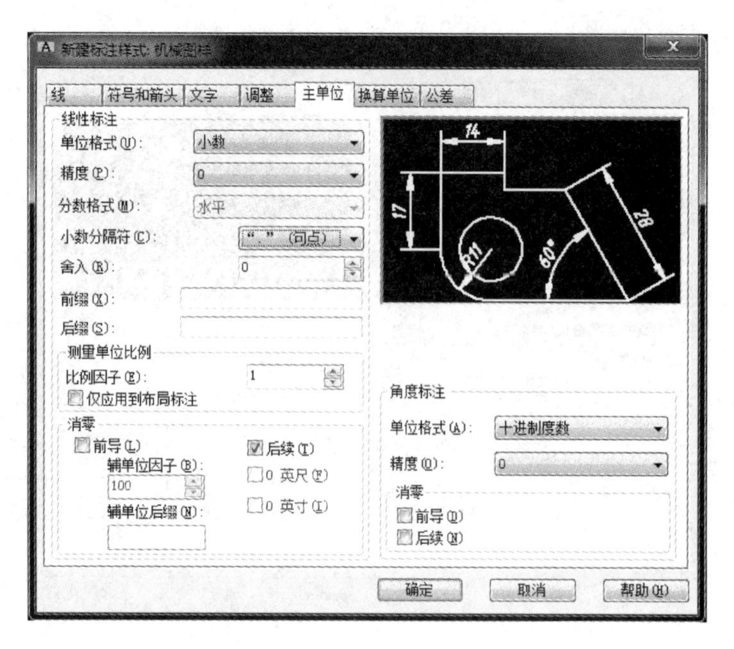

图 5-17　设置“主单位”选项卡

新尺寸标注样式名“机械图样”(图 5-18)。该样式可用于所有线性尺寸的标注,也可作为基础样式设置“角度”“半径”和“直径”标注。

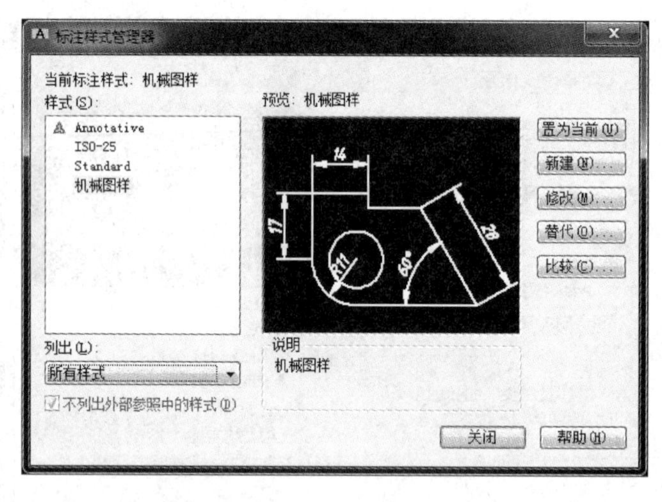

图 5-18　完成“机械图样”基本设置

⑩单击“新建(N)...”按钮,在“基础图样(S)”下拉列表中选“机械图样”项;在“用于(U)”下拉列表中选“角度标注”项(图 5-19),单击“继续”按钮。在“文字”选项卡的“文字位置”区,修改“垂直(V)”为“居中”;在“文字对齐(A)”区,选择“水平”单选按钮(图 5-20)。单击“确定”按钮,返回“标注样式管理器”对话框。在“样式(S)”列表框中“机械图样”样式名下新增加了一个“角度”标注类型(图 5-21),用于标注角度尺寸。

⑪单击“新建(N)...”按钮,显示“创建新标注样式”对话框。接下来,在“基础图样(S)”下拉列表中选“机械图样”项;在“用于(U)”下拉列表中选“半径标注”项,单击“继续”按钮。

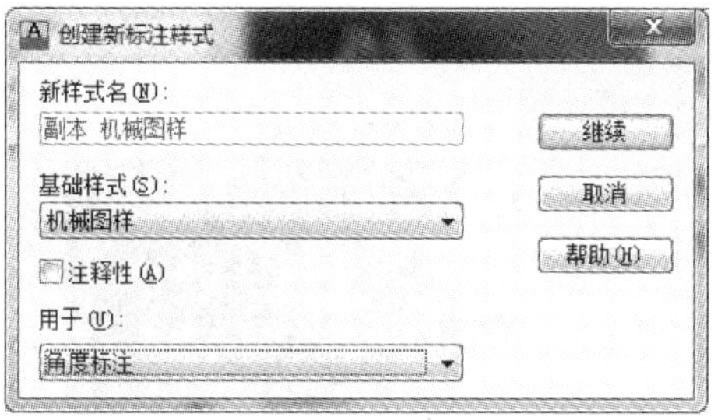

创建新标注样式

新样式名(N):

副本 机械图样

继续

基础样式(S):

机械图样

取消

注释性(A)

帮助(H)

用于(U):

角度标注

图 5-19　创建角度标注样式

然后,在"文字"选项卡的"文字对齐(A)"区,选择"ISO 标准"单选按钮;在"调整"选项卡的"调整选项(F)"区,选择"文字";单击"确定"按钮,返回"标注样式管理器"对话框。此时,在"样式(S)"列表框中"机械图样"样式名下新增加了一个"半径"标注类型,用于标注半径尺寸。

⑫采用同样的方法设置"直径"尺寸样式。其中,在"文字"选项卡的"文字对齐(A)"区,选择"ISO 标准"。在"调整"选项卡的"调整选项(F)"区,选择"文字"。

新建标注样式: 机械图样: 角度

线　符号和箭头　文字　调整　主单位　换算单位　公差

文字外观

文字样式(Y): CAD图样

文字颜色(C): ByBlock

填充颜色(L): 无

文字高度(T): 3.5

分数高度比例(H): 1

绘制文字边框(F)

60°

文字位置

垂直(V): 居中

水平(Z): 居中

观察方向(D): 从左到右

从尺寸线偏移(O): 1

文字对齐(A)

水平

与尺寸线对齐

ISO 标准

确定　取消　帮助(H)

图 5-20　"角度"标注样式下"文字"选项卡设置

⑬单击尺寸标注样式名"机械图样",再单击"置为当前(U)"按钮,将"机械图样"样式设为当前样式(图 5-22)。单击"关闭"按钮,结束"DIMSTYLE"(标注样式)命令。

⑭使用"SAVEAS"(另存为)命令,重新保存样板图"A3. dwt"。

3.4.4　作图步骤

下面给出的作图方法和步骤并不唯一,仅供参考。

画视图→画剖面线→标注尺寸→注写技术要求→标题栏。

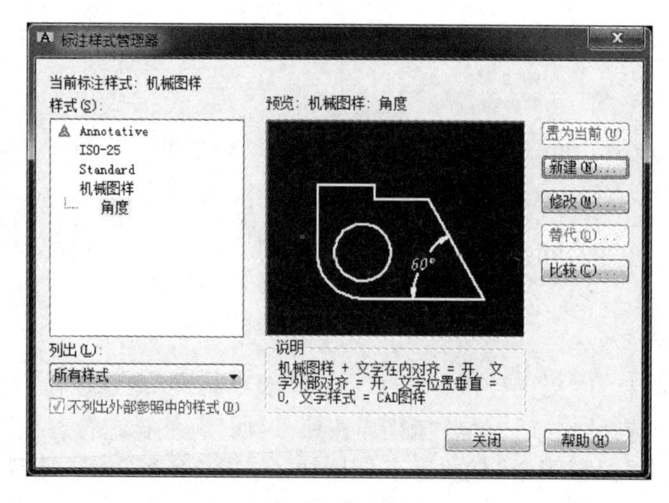

图 5-21 完成“角度”标注样式设置

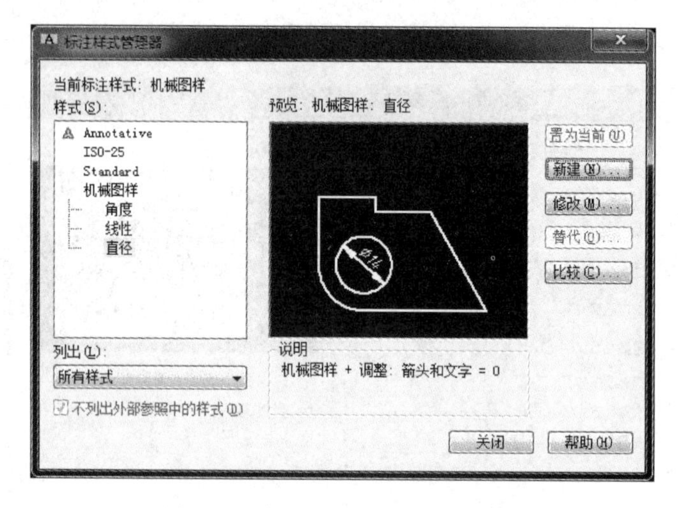

图 5-22 完成“直径”尺寸样式设置

(1)加载用户样板

装入用户样板图“A3. dwt”,该样板图保存了设置好的绘图环境、文字样式和尺寸标注样式。

(2)绘制杠杆的三视图

首先使用各种绘图命令完成杠杆轮廓线的绘制。需要注意小的工艺结构,如铸造圆角、倒角等。使用 SPLINE(样条曲线)命令和 BHATCH(图案填充)命令,绘制剖视图和断面图。注意剖视符号、字母和旋转符号的绘制,如图 5-23 所示。

(3)尺寸标注与技术要求

采用各种尺寸标注命令,在杠杆三视图中添加尺寸。注意倒角、角度等尺寸的标注。使用绘图命令和复制、移动、旋转等图形编辑命令,添加表面结构代号和形位公差代号。使用 TEXT(单行文字)命令书写技术要求。

(4)绘制标题栏

使用绘图命令、图形编辑命令和TEXT(单行文字)命令绘制并填写标题栏,完成全图(图5-9),将该零件图保存为"学号姓名-杠杆.dwg"文件。

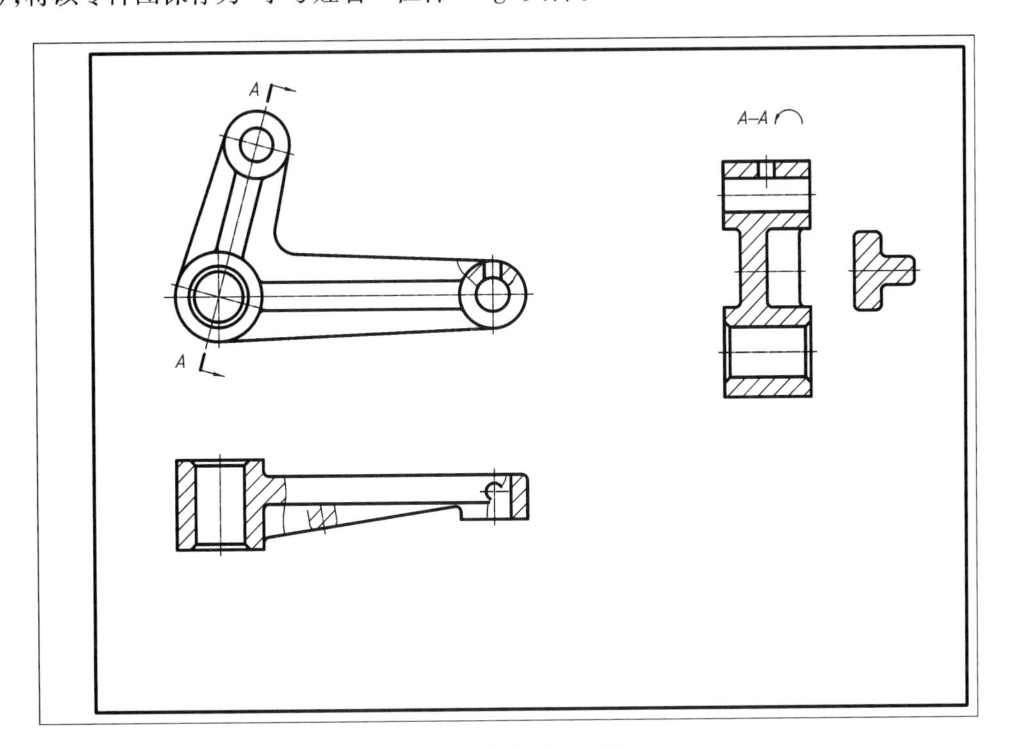

图5-23　杠杆的三视图

3.5　实验报告

①在A3图纸上,按1:1比例画图5-9所示杠杆零件图,粗实线宽度$d=0.5$ mm,尺寸数字为3.5号。

②要求结构特征表达清楚,尺寸标注准确,技术要求完整。

③提交"学号姓名-杠杆.dwg"图形文件。

4　绘制装配图

4.1　实验目的

学会绘制装配图的方法。

4.2　实验要求

正确使用AutoCAD软件绘制装配图。注意每插入一个零件的视图,随即修改投影。

4.3 实验工具

AutoCAD 软件，计算机。

4.4 实验内容及步骤

绘制附图 13 所示齿轮油泵装配图。

4.4.1 启动 AutoCAD

双击 Auto CAD 快捷图标，启动 Auto CAD。

4.4.2 建立 A2 样板图

通过设置绘图环境、文字样式、尺寸标注样式、标题栏、明细栏和技术要求等，建立样板图文件“A2. dwt”。

4.4.3 插入零件图

①首先打开泵体零件图，调整图层、颜色、线型和比例等设置与装配图相一致；接着，关闭尺寸、技术要求、标题栏等图层，仅仅显示泵体的视图；然后，选中并复制（Ctrl 键 + C 键）泵体的视图；最后，打开装配图，使用 Ctrl 键 + V 键插入所选视图。

②使用同样方法插入其他零件的视图，如泵盖、主动轴、主动齿轮、从动轴、从动齿轮、螺塞、垫片、锁紧螺母等。图 5-24 所示其他视图在绘图区域之外，等待逐个定位插入。

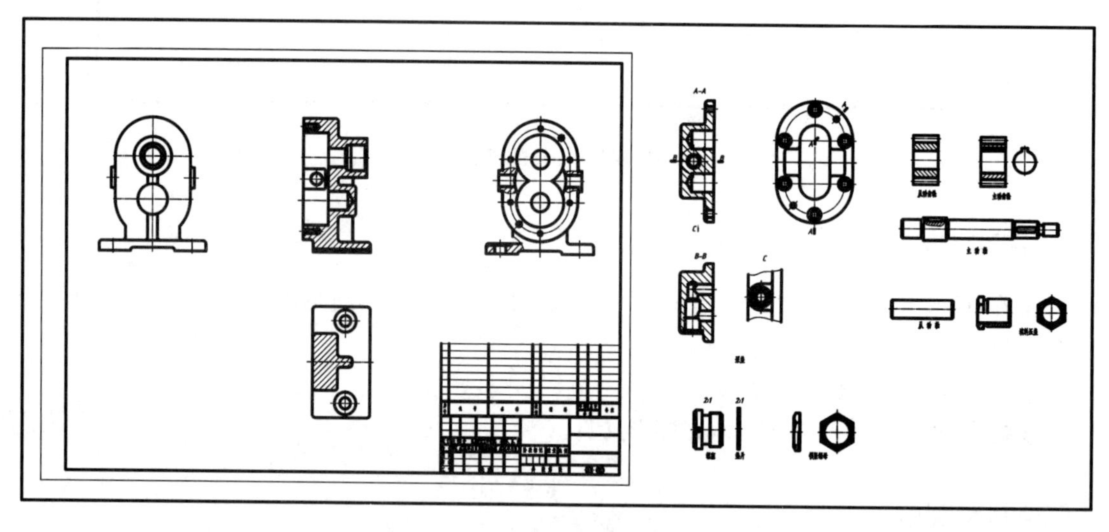

图 5-24　齿轮油泵装配图绘图步骤 1

③打开目标捕捉功能，将泵盖的三视图准确地装配到泵体的三视图中，注意泵盖和泵体的接触面画一条线。为了表达泵体的内腔结构，泵体的俯视图采用局部剖画法，如图 5-25 所示。

④依序装配主动轴、主动齿轮、从动轴、从动齿轮、安全阀结构和填料函结构。每插入一个零件，都要检查哪些图线被挡住，然后擦除（ERASE）或修剪（TRIM）多余的投影。采用“PROPERTIES”（特性）命令修改相邻两个零件的剖面线方向和间隔。

⑤螺纹紧固件、销、键、钢球等属于标准件，采用查表法或比例法画出它们的视图，注意螺纹连接处的画法。

⑥根据表达需要，画零件 1、10C 向视图，最后整理点画线等图线，如图 5-26 所示。

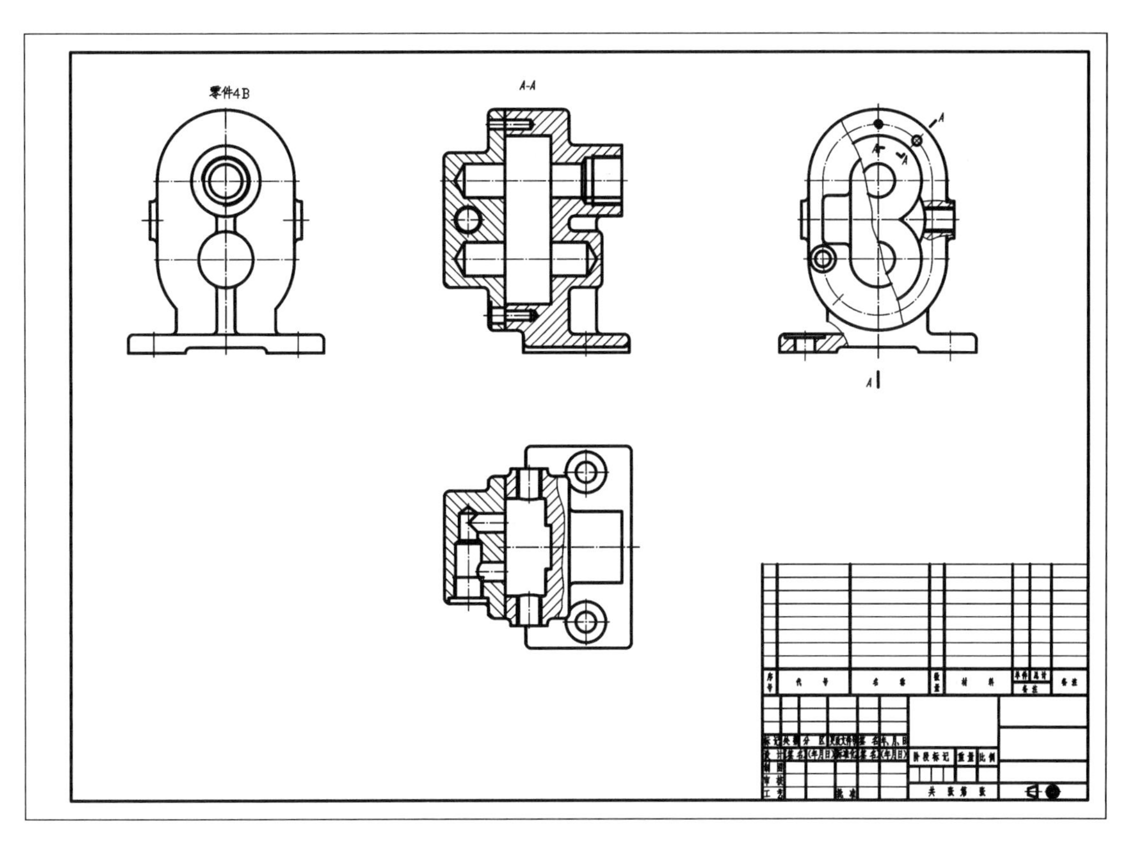

图 5-25　齿轮油泵装配图绘图步骤 2

4.4.4　标注尺寸及填写标题栏和明细栏等

标注尺寸→编写零件序号→画图框→插入标题栏→画明细栏→写字。

①参考零件图标注全装配图的尺寸,包括特性尺寸、配合尺寸、连接尺寸、相对位置尺寸、外形尺寸、安装尺寸等。

②绘制序号和明细栏,并用“TEXT”(单行文字)命令填写标题栏和明细栏。

③用“SAVE”(保存)命令保存图形为“学号姓名 - 齿轮油泵. dwg”文件。

4.5　实验报告

①按照附图 13 所示,将齿轮油泵的各个零件图拼画成装配图,粗实线宽度 $d=0.5$ mm,尺寸数字为 3. 5 号。

②在 A2 图纸上,按 1∶1比例画齿轮油泵装配图,要求装配结构准确。

③提交“学号姓名 - 齿轮油泵. dwg”图形文件。

思考题

1. 显示缩放的含义是什么？有哪些操作方法?

2. 用户样板图的作用是什么？用户样板图应包含哪些内容?

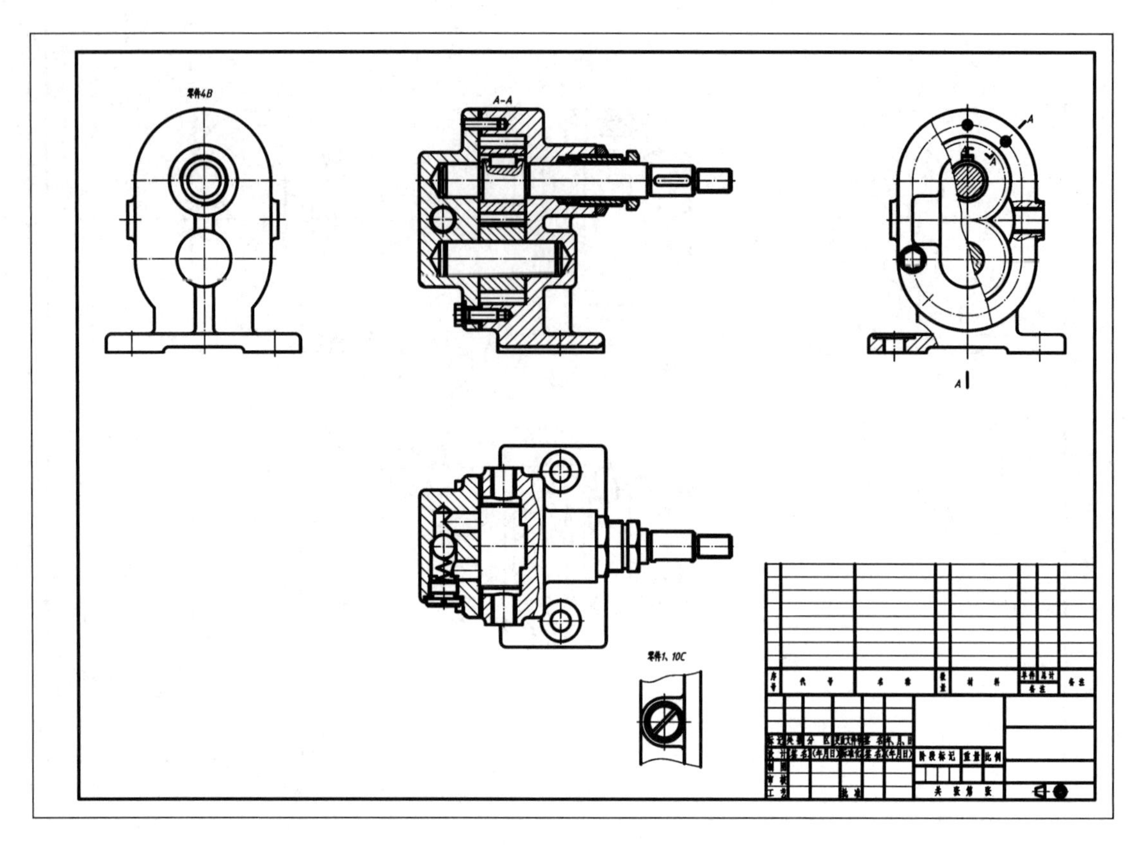

图 5-26　齿轮油泵装配图绘图步骤 3

3. 如何画三面投影图？哪些方法更方便快捷？

4. 图 5-9 所示采用三点法画两圆柱正交的相贯线，如何用圆弧代替曲线画出两圆柱正交的相贯线？

5. 如何标注尺寸公差？若尺寸标注出现错误，如何修改？

6. 如何能更方便快捷地填写明细栏？

第 6 章　Pro/ENGINEER 软件基本操作应用指导

本教材中所指 Pro/ENGINEER 软件均指 Pro/ENGINEER 5.0 版本软件。Pro/ENGINEER 操作软件是美国参数技术公司(PTC)旗下的 CAD/CAM/CAE 一体化的三维软件。Pro/ENGINEER 软件以参数化著称,是参数化技术的最早应用者,在目前的三维造型软件领域中占有着重要地位。Pro/ENGINEER 作为当今世界机械 CAD/CAE/CAM 领域的新标准而得到业界的认可和推广,是现今主流的 CAD/CAM/CAE 软件之一,特别是在国内产品设计领域占据重要位置。

通过本章实践学习了解三维参数化软件建模思路,掌握运用 Pro/ENGINEER 软件进行草图绘制、实体造型、零件建立、装配体生成及工程图制作方法。完成本课程计划的齿轮油泵零件、装配体造型及主要零件工程图制作。

1　草图绘制

1.1　实验目的

①熟悉 Pro/ENGINEER 用户界面及基本操作。

②掌握 Pro/ENGINEER 的基本草图绘制基本命令及使用方法。

③掌握约束作用及添加方法。

1.2　实验要求

本节实践要求熟悉 Pro/ENGINEER 用户界面及其文件基本的操作。掌握 Pro/ENGINEER 的绘图命令、编辑命令和约束条件绘制平面图形。根据所给平面图形的形状、尺寸及约束要求,完成草图的绘制。

1.3　实验工具

Pro/ENGINEER 5.0 版本软件,计算机。

1.4　实验内容及步骤

1.4.1　启动 Pro/ENGINEER 软件

双击桌面 Pro/ENGINEER 快捷图标,从程序 - PTC-Pro ENGINEER 启动软件,或从安装目录下 C:/Program Files/proeWildfire 5.0/bin/Pro ENGINEER.exe 启动软件,如图 6-1 所示。

1.4.2　进入草绘模块

创建三维基本实体,必须先画出实体的剖面,然后再经过拉伸、旋转、扫描和混合等方式建立起实体模型。剖面即二维几何图形,这里把绘制实体的剖面称为草绘。草绘环境界面如图 6-2 所示。

1.4.3　绘制正六边形草图

①设置当前工作目录。

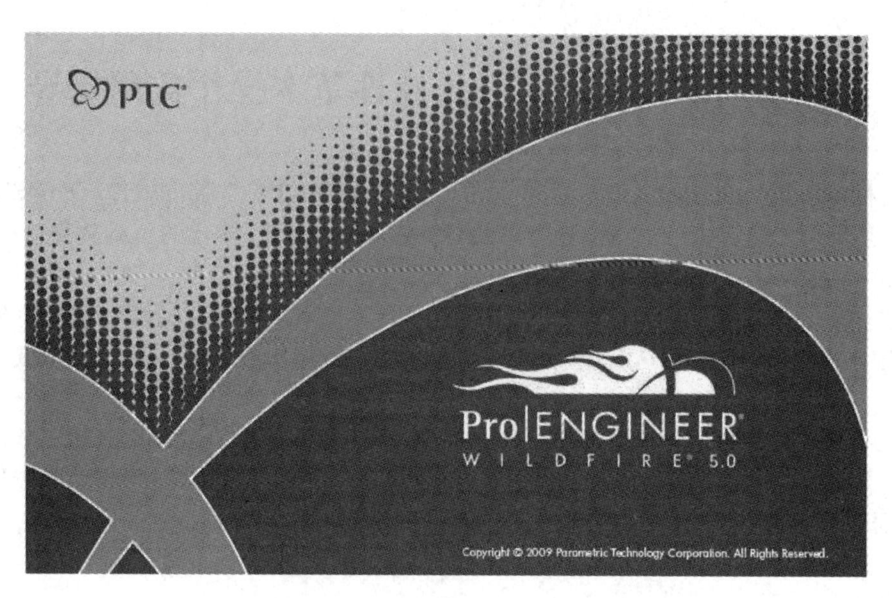

图 6-1　Pro/ENGINEER 5.0 启动界面

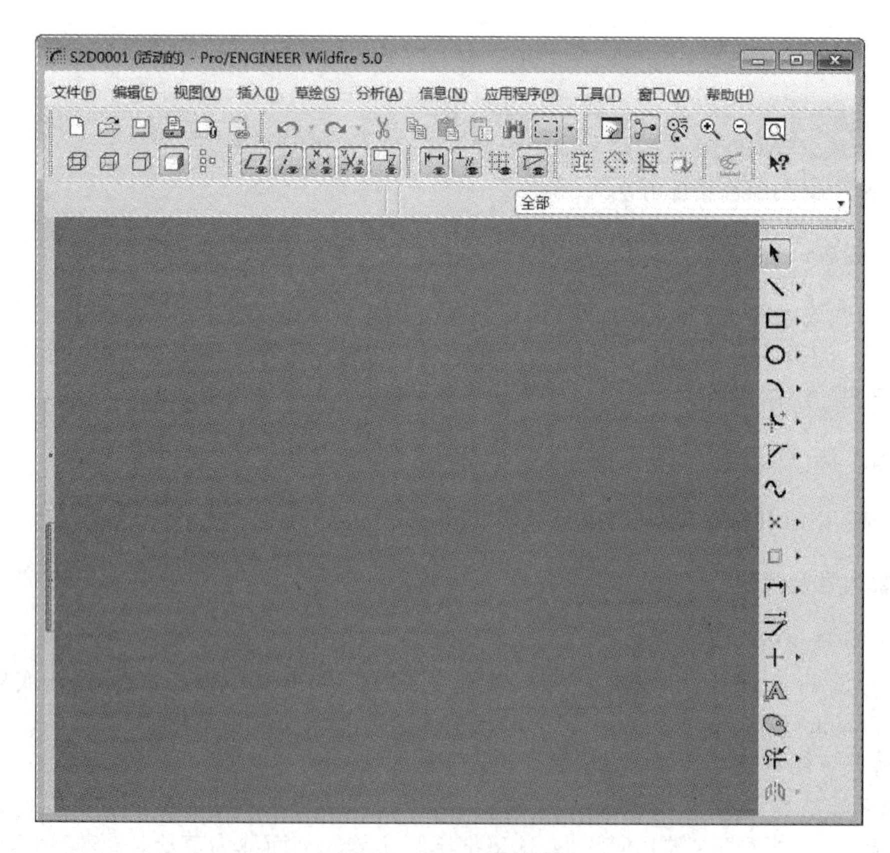

图 6-2　草绘环境界面

②建立新草图文件。

③绘制上下两条线平行的任意六边形草图，如图 6-3(a)所示。

④设定几何约束。约束设定方法有多种,可根据需要自行设计。如:

i. 可设定 6 条线段等长,如图 6-3(b)所示。

ii. 1 点和 2 点水平对齐,如图 6-3(c)所示。

iii. 过 3 点、4 点画中心线,添加 2 点、5 点关于中心线的对称约束,如图 6-3(d)所示。

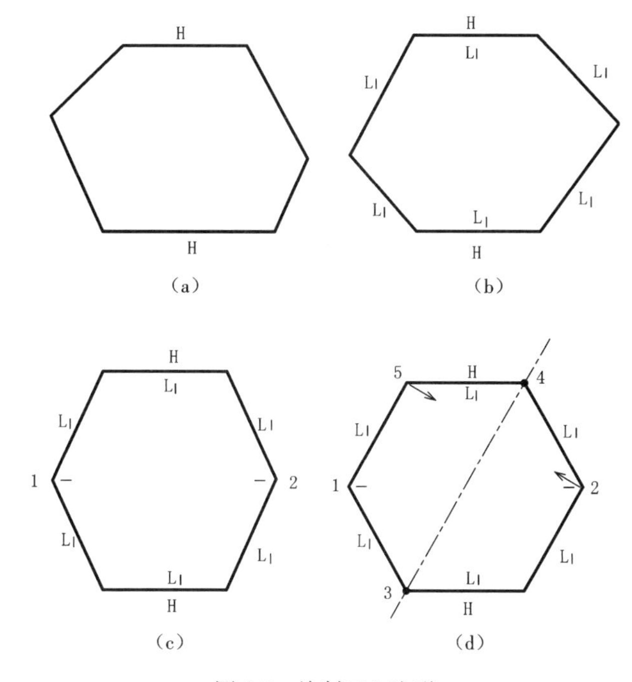

图 6-3 绘制正六边形

(a)上下两条线平行的任意六边形 (b)添加等长约束 (c)添加水平对齐约束 (d)添加对称约束

⑤保存文件。

1.4.4 绘制手柄草图

①设置当前工作目录。

②建立新草图文件。

③绘制手柄草图,如图 6-4(a)所示。

④设定几何约束,如图 6-4(b)所示。

i. 使弧 4 中心位于直线 3 与中心线的交点处。

ii. 使弧 7 中心位于中心线上。

iii. 依次使弧 4、5、6、7 相切连接。

⑤标注尺寸并修改尺寸数值,如图 6-4(c)所示。

⑥镜像已绘制好的图线。

⑦保存文件。

1.5 实验报告要求

①按尺寸完成如图 6-5 所示 1∶1手柄草图。

②图形正确。

③约束完整,没有欠约束和过约束现象。

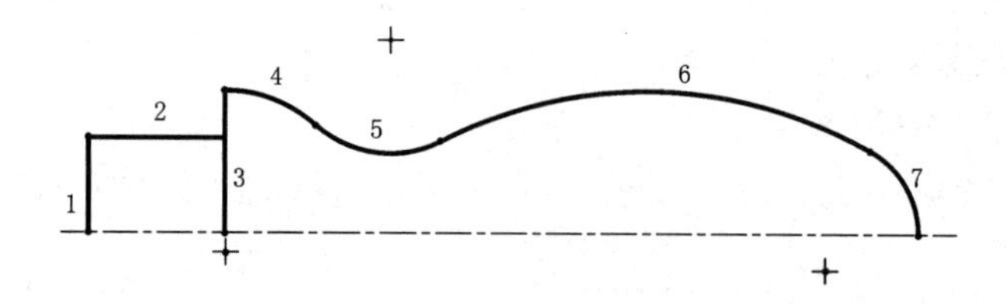

(a)

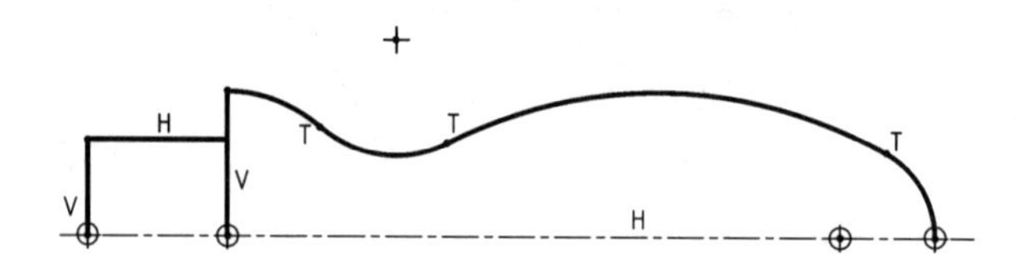

(b)

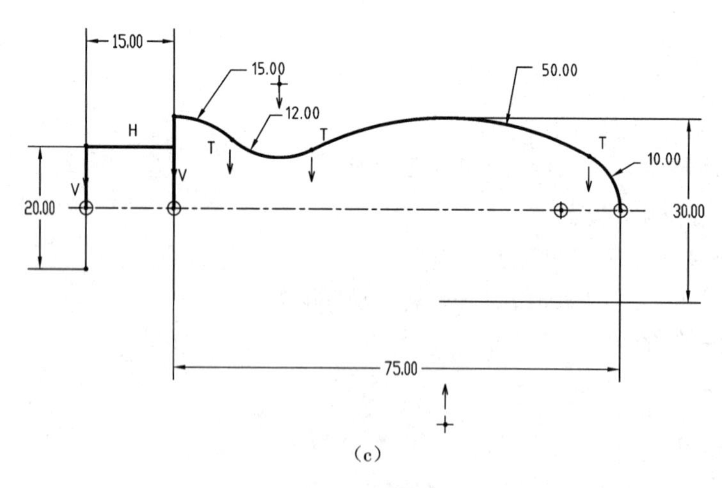

(c)

图 6-4　手柄草图

(a)绘制基本图形　(b)给图形添加约束　(c)给图形添加尺寸

④尺寸完整。

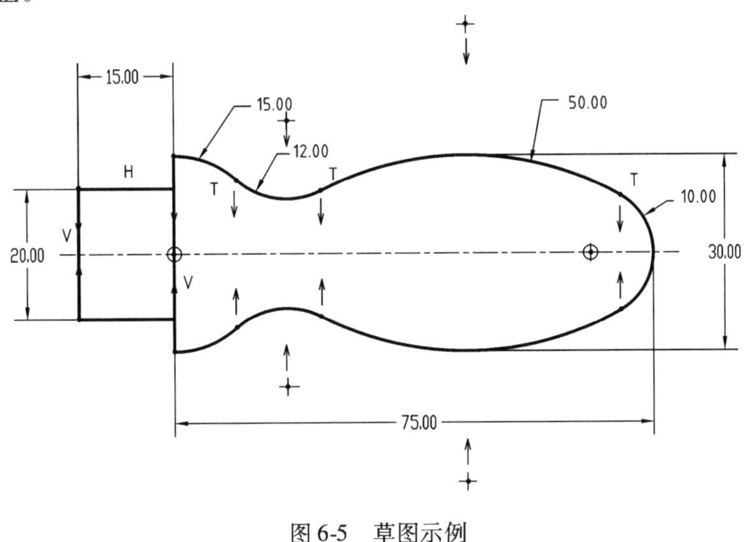

图 6-5　草图示例

2　零件建模

2.1　实验目的

①熟悉 Pro/ENGINEER 零件建模基本命令及使用方法。

②熟悉 Pro/ENGINEER 基准特征的建立及使用方法。

③掌握 Pro/ENGINEER 零件设计及造型方法。

2.2　实验要求

Pro/ENGINEER 是一个以特征为基础的参数式设计系统。它以特征为最小的建模单元，所有的参数创建均是以完成某个特征为目的，一个完整的零件是由若干特征所构成的。因此，在零件设计过程中，进行创建、修改和编辑特征即可达到设计的目的。

2.3　实验工具

Pro/ENGINEER 5.0 版本软件，计算机。

2.4　实验内容及步骤

2.4.1　启动 Pro/ENGINEER 软件

2.4.2　进入零件建模模块

①设置当前工作目录。

②建立新零件文件。

③建立图 6-6 所示泵体零件的模型。

i. 建立泵体工作部分，挖切包容齿轮的内腔，挖切进出油孔处空腔。如图 6-7 所示。

ii. 拉伸底板，挖切安装沉孔，如图 6-8 所示。

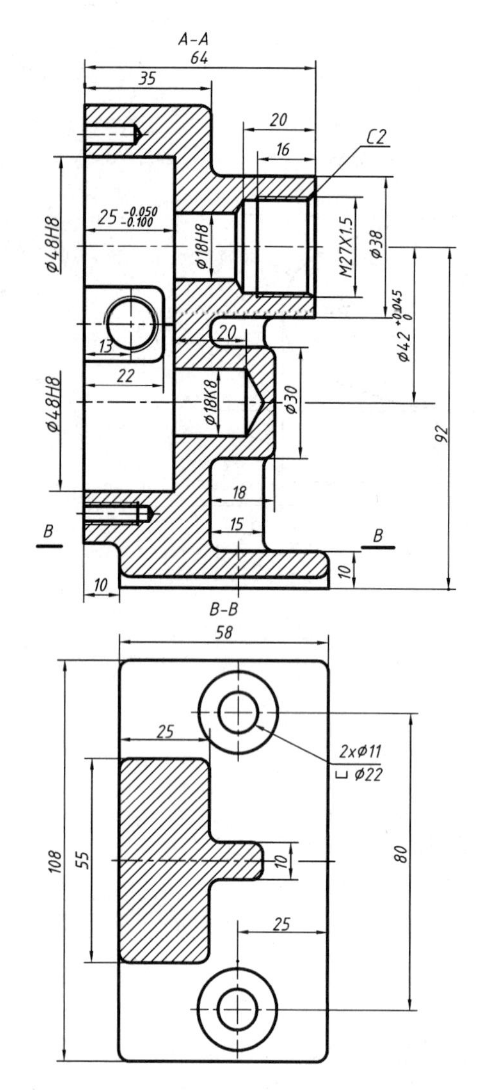

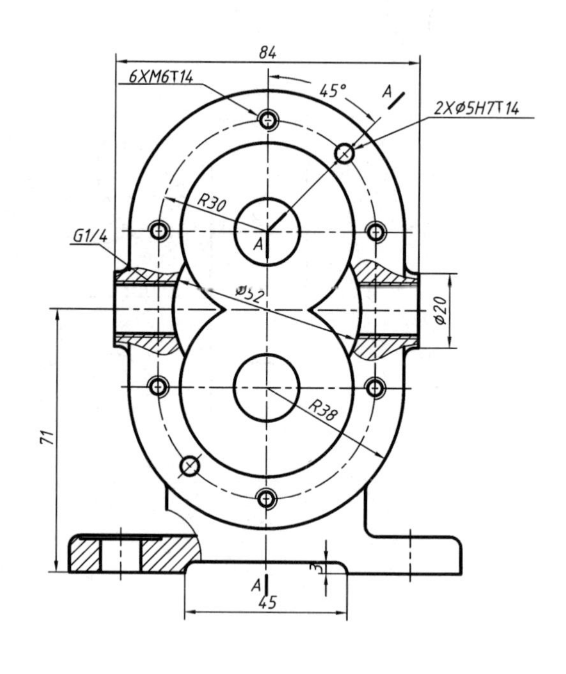

图 6-6　泵体三视图

iii. 创建连接部分,如图 6-9 所示。

iv. 创建主动轴的支撑部分,挖切主轴孔,如图 6-10 所示。

v. 创建从动轴的支撑部分,挖切从动轴孔,如图 6-11 所示。

vi. 创建进出油孔,如图 6-12 所示。

vii. 创建加强肋,如图 6-13 所示。

viii. 创建泵体前端面上的 6 个螺孔及两个销孔,如图 6-14 所示。

ix. 创建圆角,如图 6-15 所示。

(4)保存文件

2.5　实验报告要求

①按照如图 6-6 所示零件图 1∶1建立泵体零件模型。

②结构特征要完整。

③将文件存为“学号. prt”的电子文件进行保存。

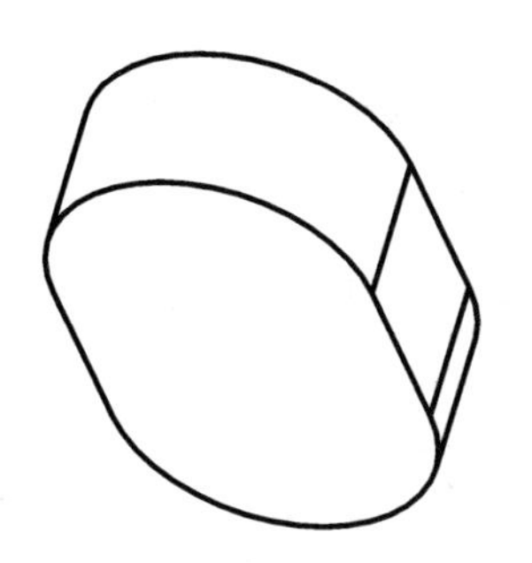
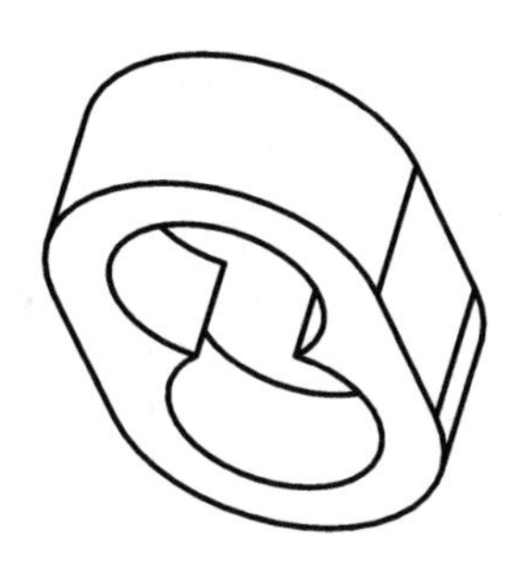
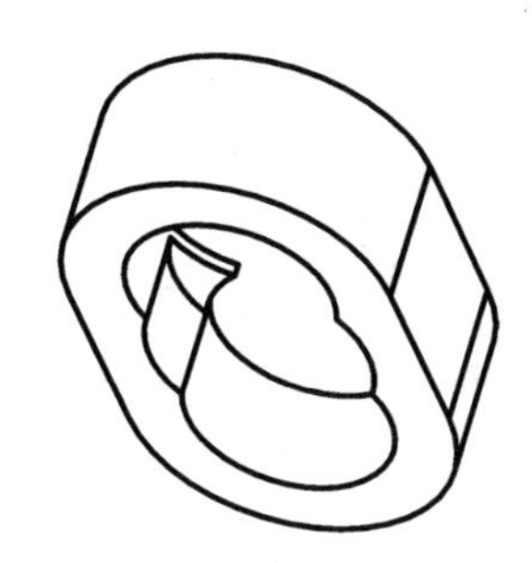

图 6-7　泵体工作部分

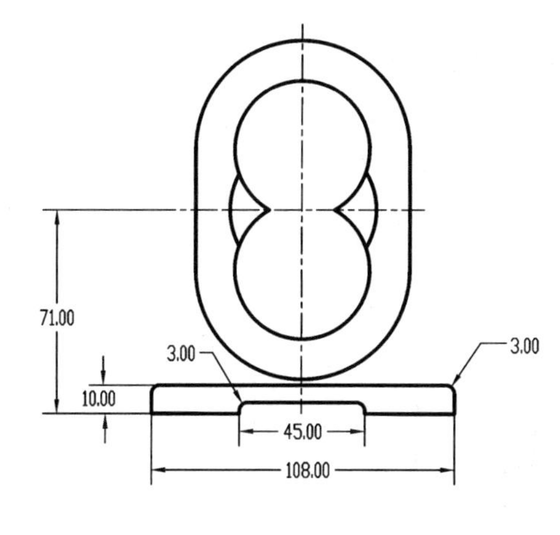

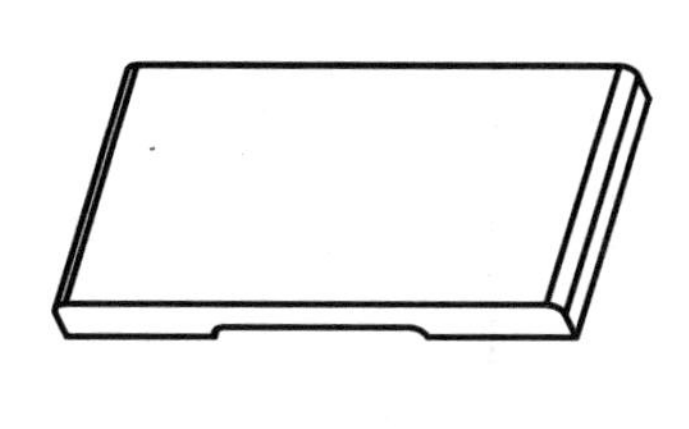

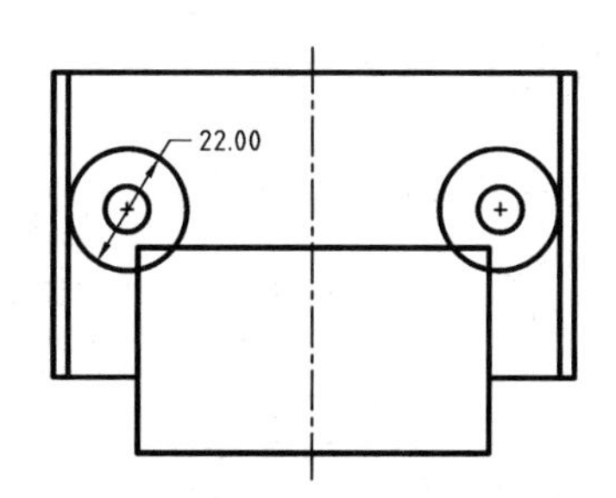

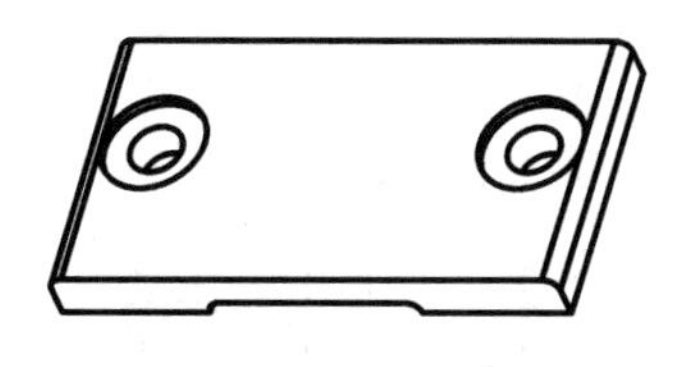

图 6-8　泵体底板部分

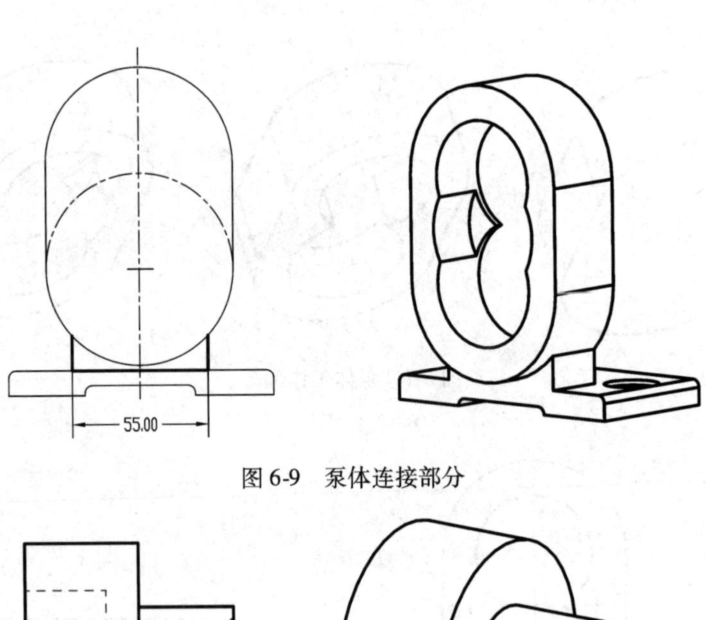

图 6-9　泵体连接部分

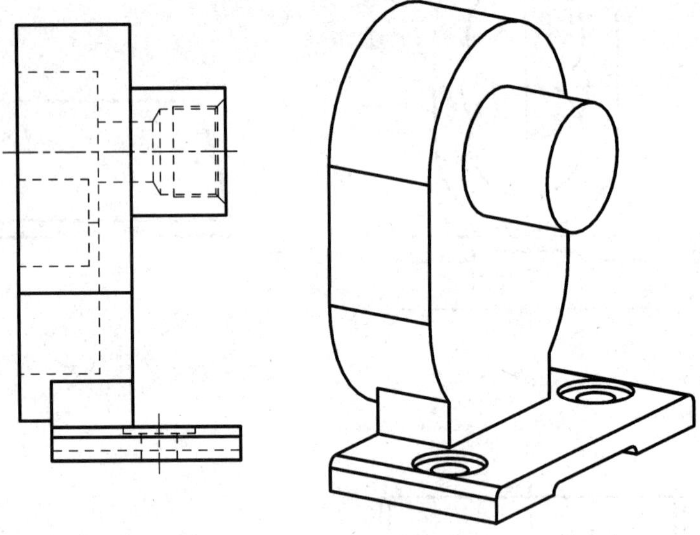

图 6-10　泵体主动轴孔部分

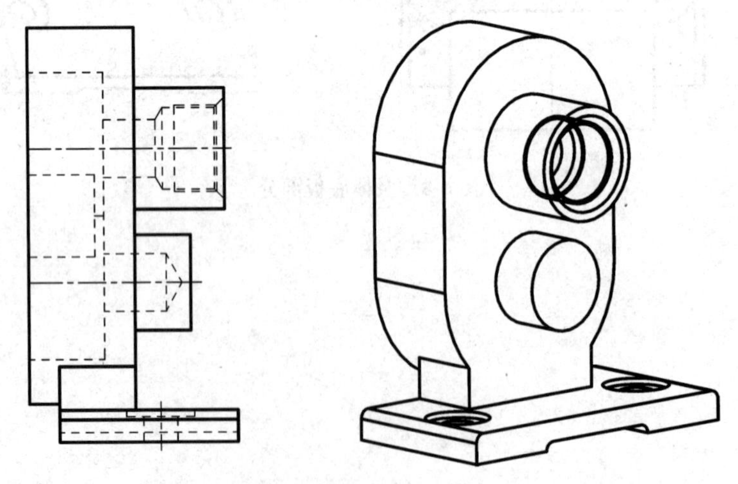

图 6-11　泵体从动轴孔部分

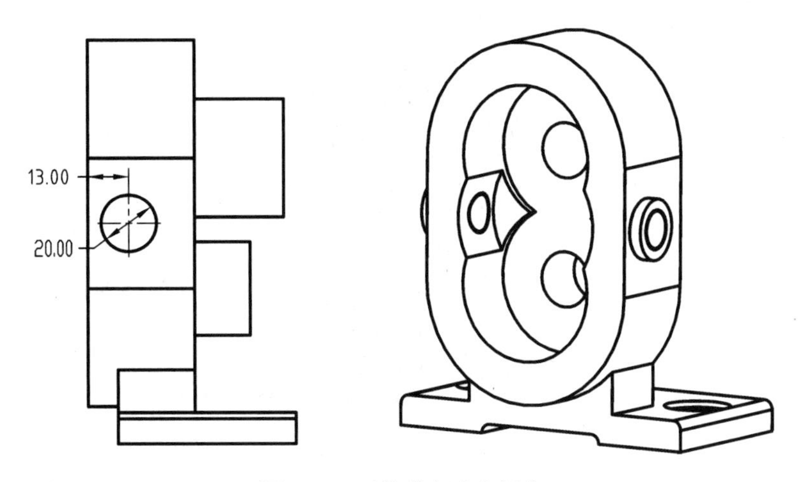

图 6-12　泵体进出油孔部分

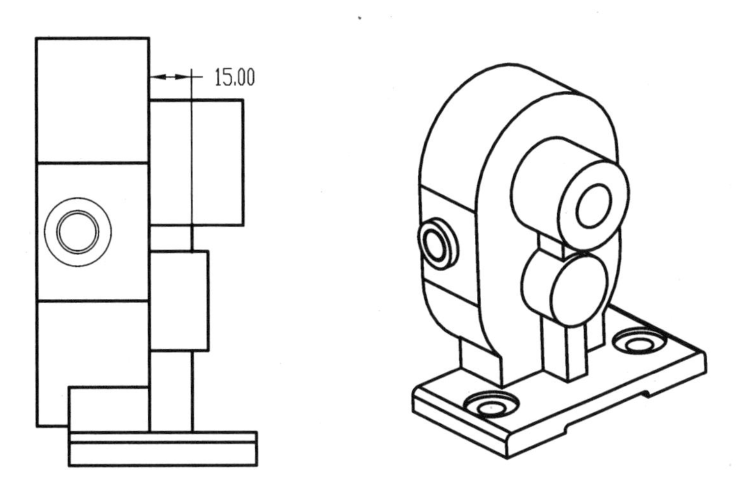

图 6-13　泵体肋板部分

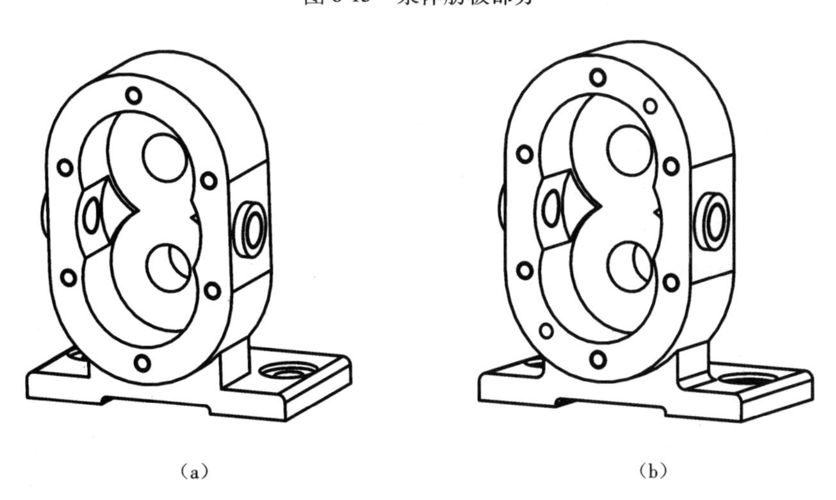

图 6-14　泵体螺纹孔和销孔部分
(a)泵体螺纹孔部分　(b)泵体销孔部分

图 6-15　泵体三维模型

3　装配体建模

3.1　实验目的

①熟悉 Pro/ENGINEER 装配体建模基本命令及使用方法。

②熟悉 Pro/ENGINEER 装配约束特征的建立及使用方法。

3.2　实验要求

在该工作环境中把创建好的三维零件模型使用相应的约束方式组装成装配件，还可以把装配件进行分解，创建装配件的三维装配分解模型。装配后的零件可以通过“机构”模块进行装配体的运动仿真和动态分析。

3.3　实验工具

Pro/ENGINEER 5.0 版本软件，计算机。

3.4　实验内容及步骤

3.4.1　启动 Pro/ENGINEER 软件

3.4.2　进入装配体建模模块

①设置当前工作目录。

②建立新装配体文件。

③建立齿轮油泵部件模型，如图 6-16 所示。

i. 调入泵体零件。

ii. 调入主动齿轮零件。

iii. 运用对齐和插入等约束进行零件装配。

反复进行上述 3 项操作，完成齿轮油泵所有零件的装配。

图 6-16　齿轮油泵装配体

④分解装配体

装配体分解如图 6-17 所示。

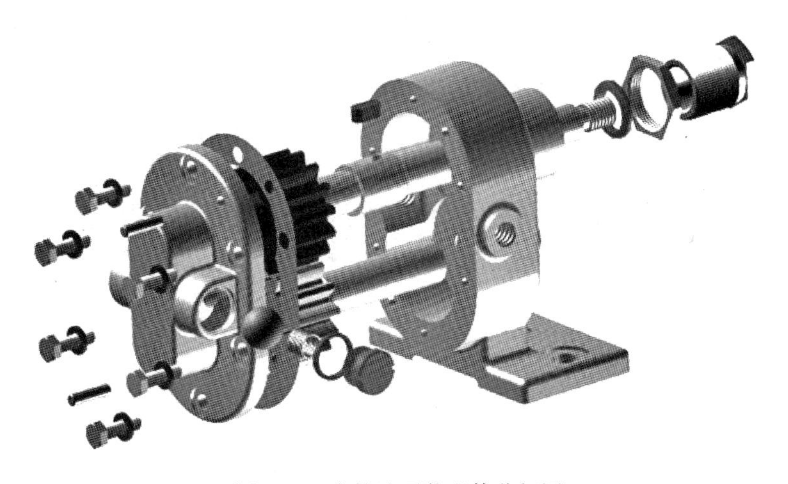

图 6-17　齿轮油泵装配体分解图

3.5　实验报告要求

①按照如图 6-16 所示 1∶1建立齿轮油泵装配体模型。

②零件完整且分解图清晰地展示各个零件间的相对位置。

③将文件存为“学号.asm”的电子文件进行保存。

4 制作工程图

4.1 实验目的

①熟悉 Pro/ENGINEER 用户界面及基本操作。
②熟悉 Pro/ENGINEER 的工程图重要参数设置方法。
③掌握 Pro/ENGINEER 的工程图制作方法。

4.2 实验要求

将创建好的三维零件或装配件制作成工程图,可以便于加工时参考使用。制作的工程图与零件或装配件之间具有内部关联性,其中之一更改,另一个也自动更改。

4.3 实验工具

Pro/ENGINEER 5.0 版本软件,计算机。

4.4 实验内容及步骤

4.4.1 启动 Pro/ENGINEER 软件

4.4.2 工程图制作环境设置

在工程图模式中 Pro/ENGINEER 提供了缺省值的绘图环境设置文件(.dtl 文件)。当其中的某些变量值不符合当前绘图标准的要求时,例如,文本的高度、箭头的长度、尺寸公差是否显示等,可以进行修改,其方法为:从“文件” - “绘图选项”调出“选项”对话框,如图 6-18 所示。

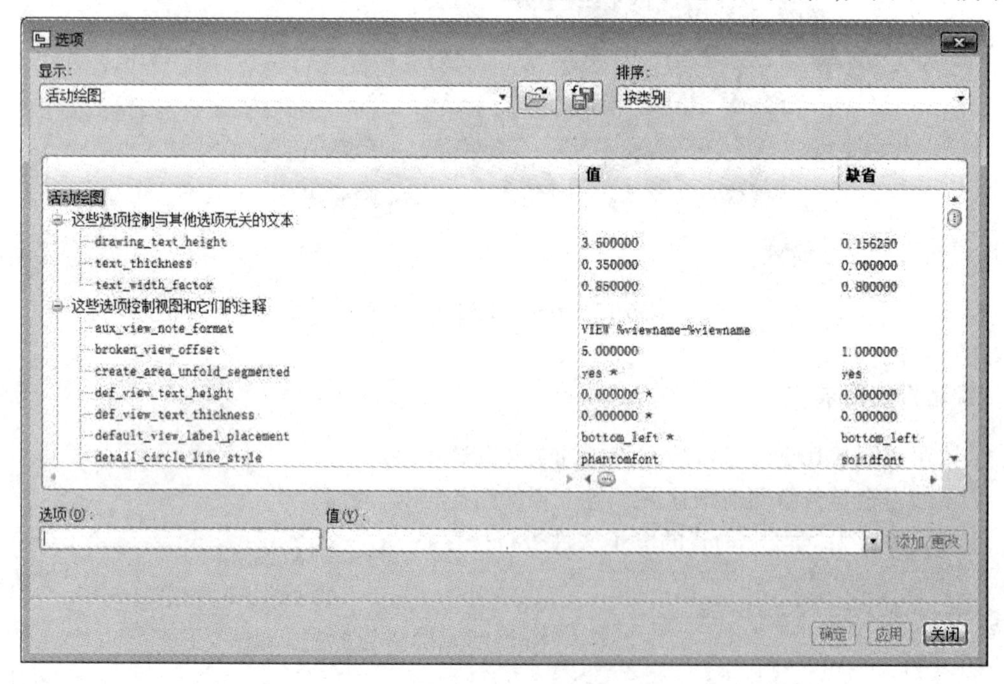

图 6-18 工程图选项对话框

修改变量明细如图 6-19 至图 6-26 所示。将上述修改后的环境变量设置进行保存，保存文件如“. dtl”。后续绘制类似设置工程图时通过“选项”对话框中的打开图标按钮打开该文件。

图 6-19　工程图选项对话框 – 续 1

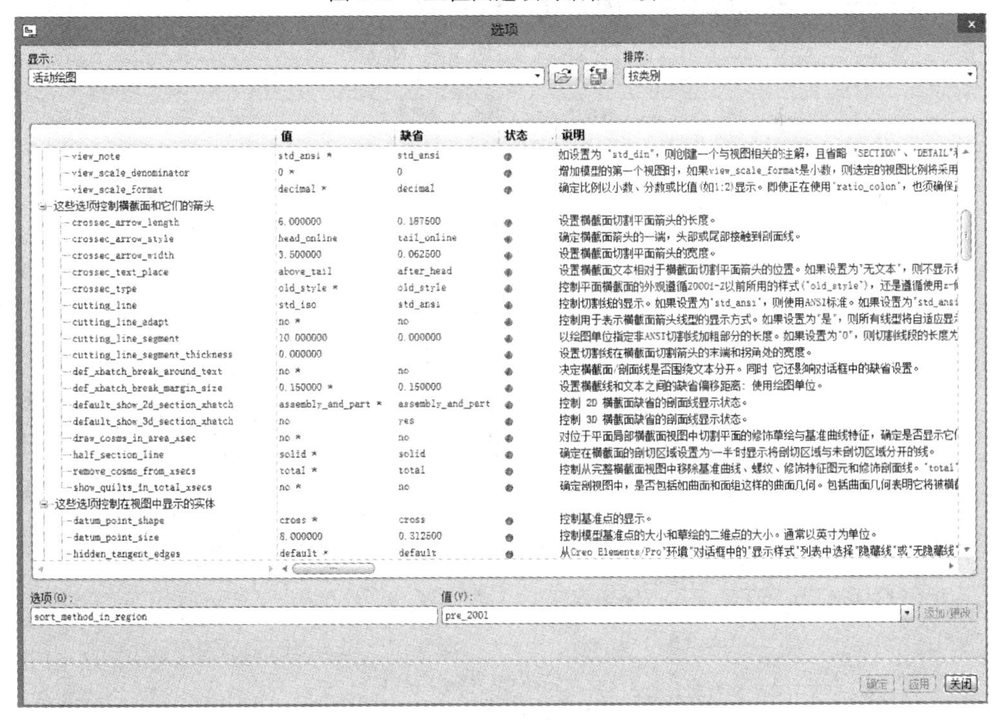

图 6-20　工程图选项对话框 – 续 2

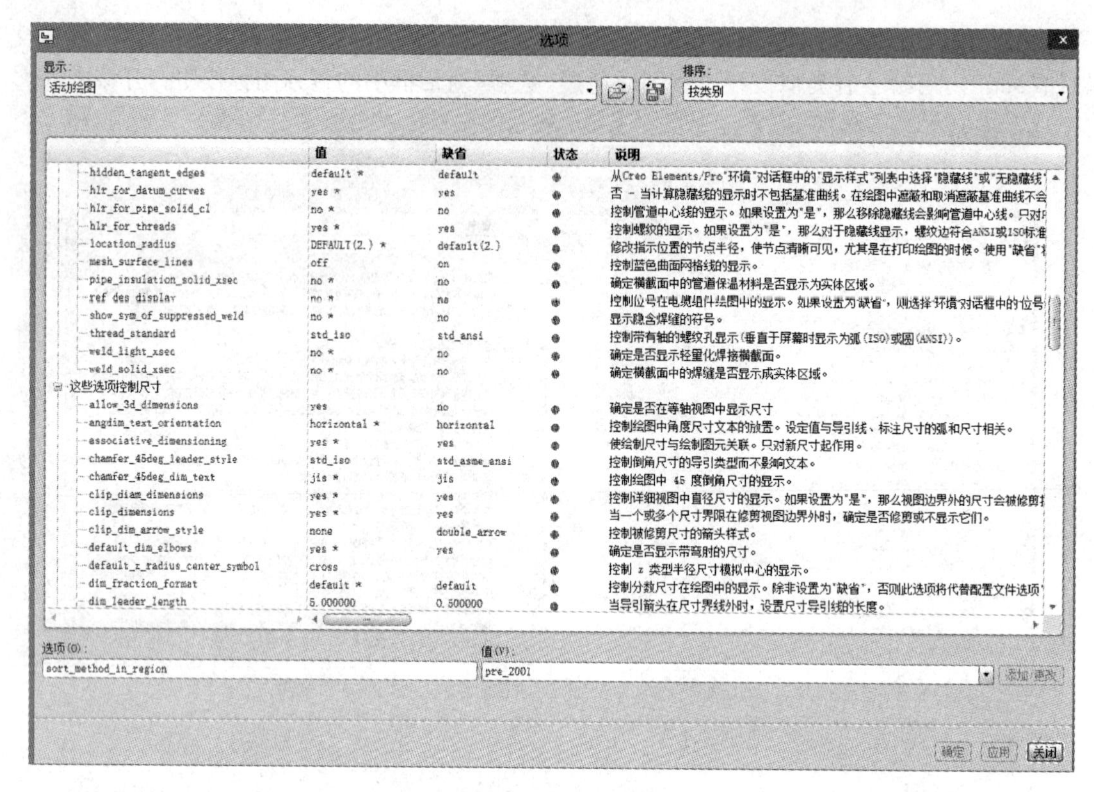

图 6-21　工程图选项对话框 – 续 3

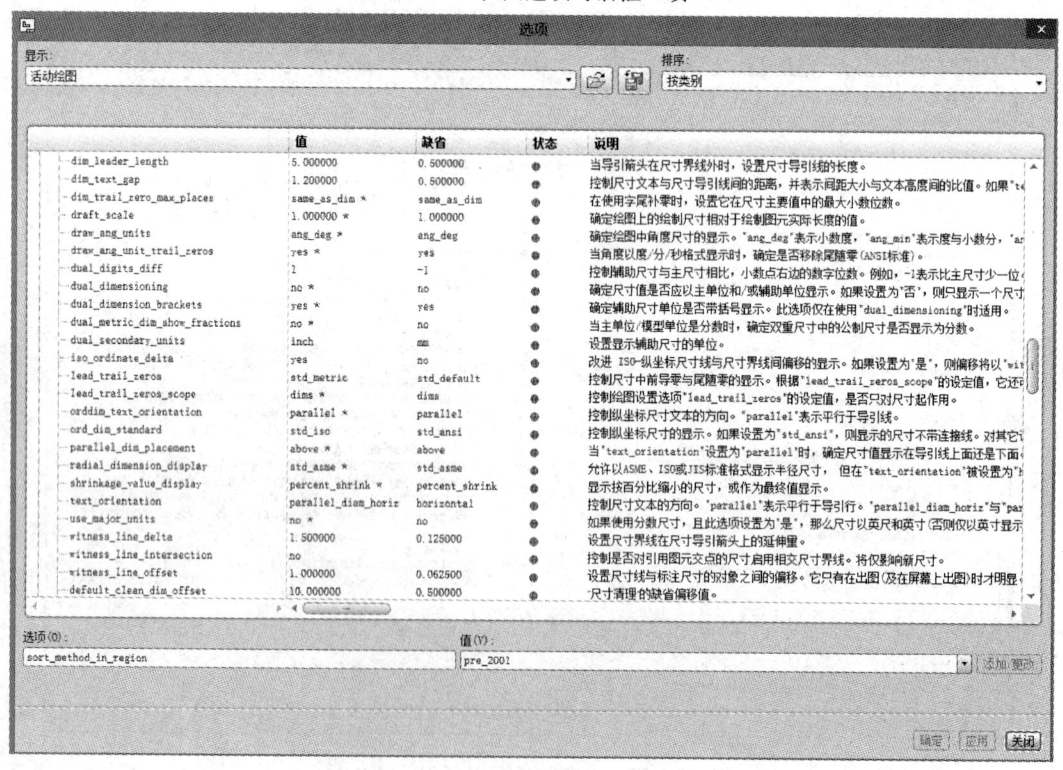

图 6-22　工程图选项对话框 – 续 4

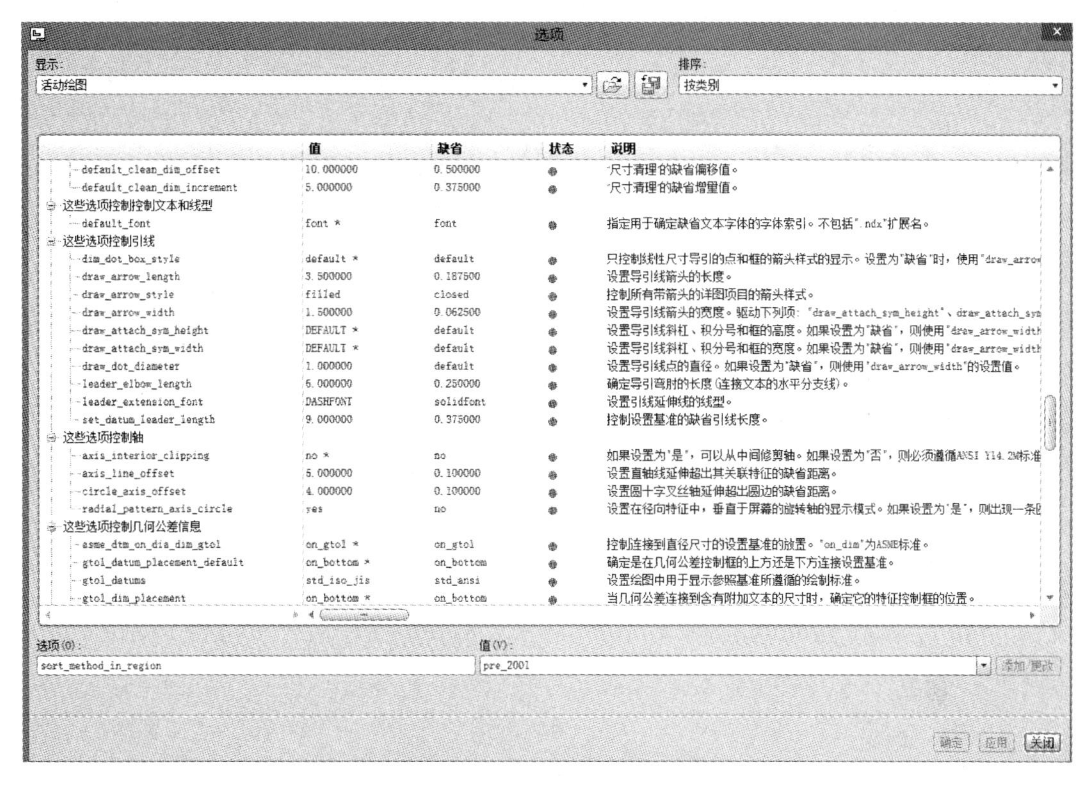

图 6-23　工程图选项对话框－续 5

图 6-24　工程图选项对话框－续 6

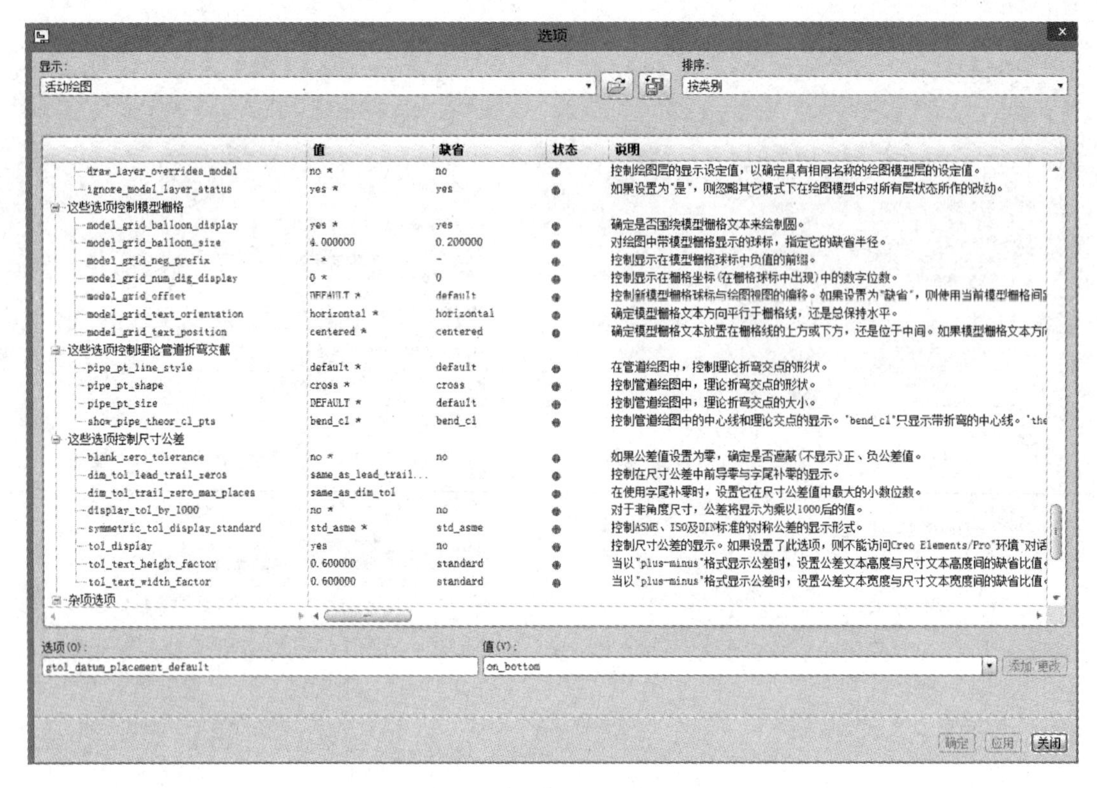

图 6-25　工程图选项对话框 – 续 7

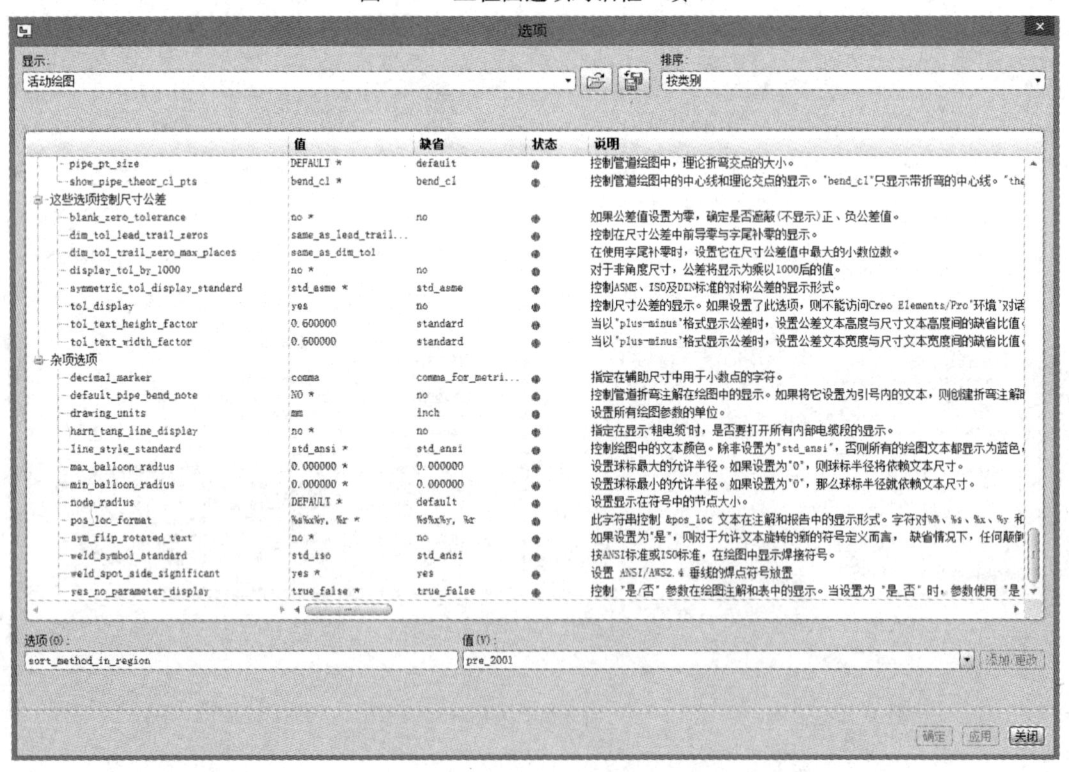

图 6-26　工程图选项对话框 – 续 8

4.4.3 建立工程图

(1)制作视图

①指定创建工程图的零件,如图 6-27 所示。

②选择空白图纸。

③格式为空。

④创建图框文件。

⑤绘制或调用图框。

⑥保存文件格式为“. drw”。

⑦生成主视图。

⑧生成俯视图等其他视图。

⑨标注尺寸。

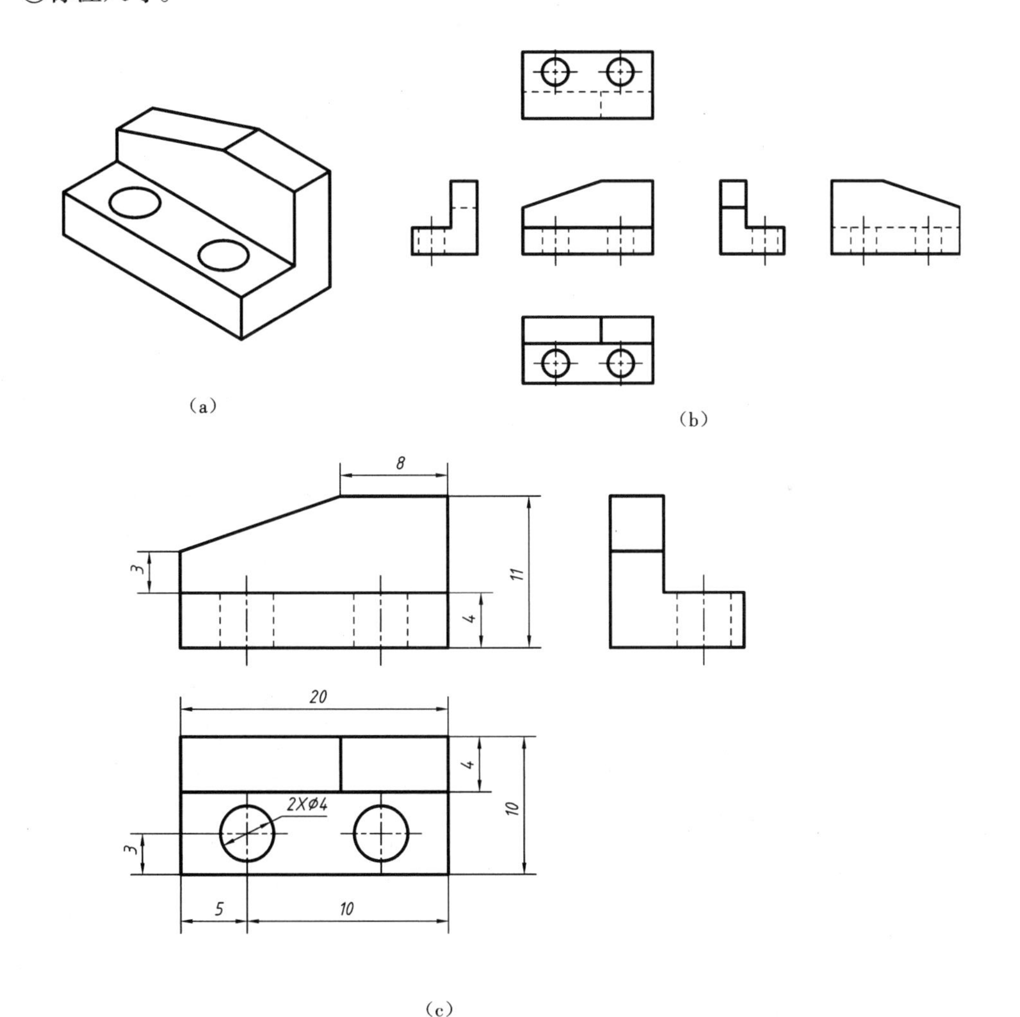

图 6-27　制作视图

(a)零件模型　(b)制作视图　(c)标注尺寸

(2)制作剖视图

①指定创建工程图的零件,如图 6-28 所示。

②制作全剖视的主视图。

③制作半剖视的左视图。

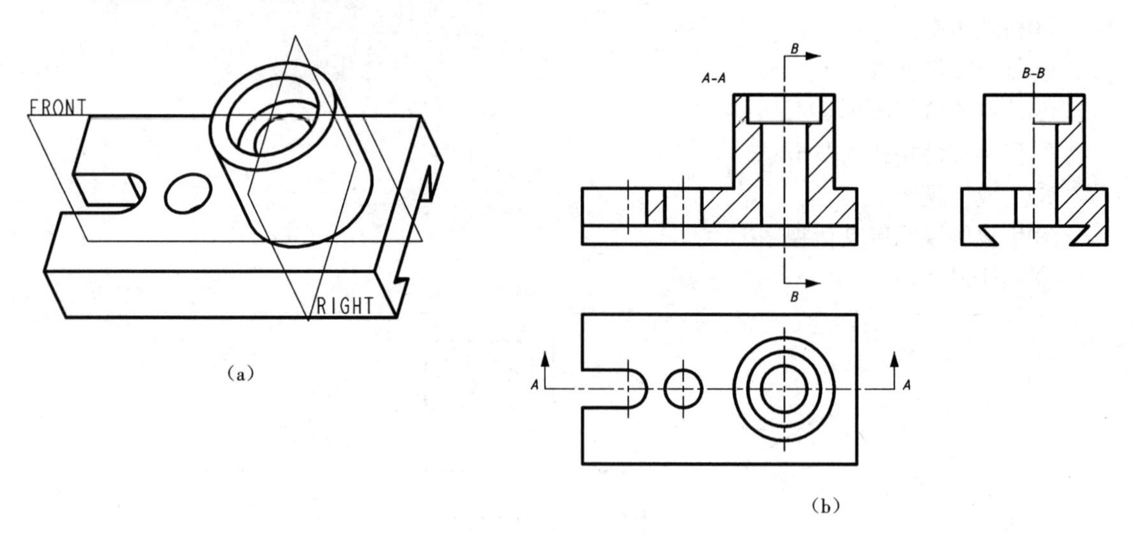

图 6-28 制作剖视图

(a)零件模型 (b)制作剖视图

(3)制作泵体工程图

①指定创建工程图的泵体零件,如图 6-29 所示。

②制作全剖视的主视图。

③制作局部剖视的左视图。

④制作全剖视的俯视图。

⑤标注尺寸和公差。

⑥标注表面结构要求。

⑦注写其他必要的内容。

图 6-29 泵体零件

4.5 实验报告

①按照图 6-30 所示在 A3 图幅内制作泵体工程图。

②要求视图完整,表达清晰。

③标注尺寸及公差和表面结构参数等技术要求,填写标题栏。

④将文件存为“学号.drw”的电子文件进行保存。

4.6 制作工程图的注意事项

①新建绘图文件,不使用缺省模板,打开国家标准的 A3 图幅(*.frm),如图 6-31 所示。

②设置或调用符合国家标准的绘图环境,如图 6-19 至 6-26 所示。

③创建主视图、俯视图和左视图,把俯视图和左视图的视图类型改为“一般”,如图 6-32

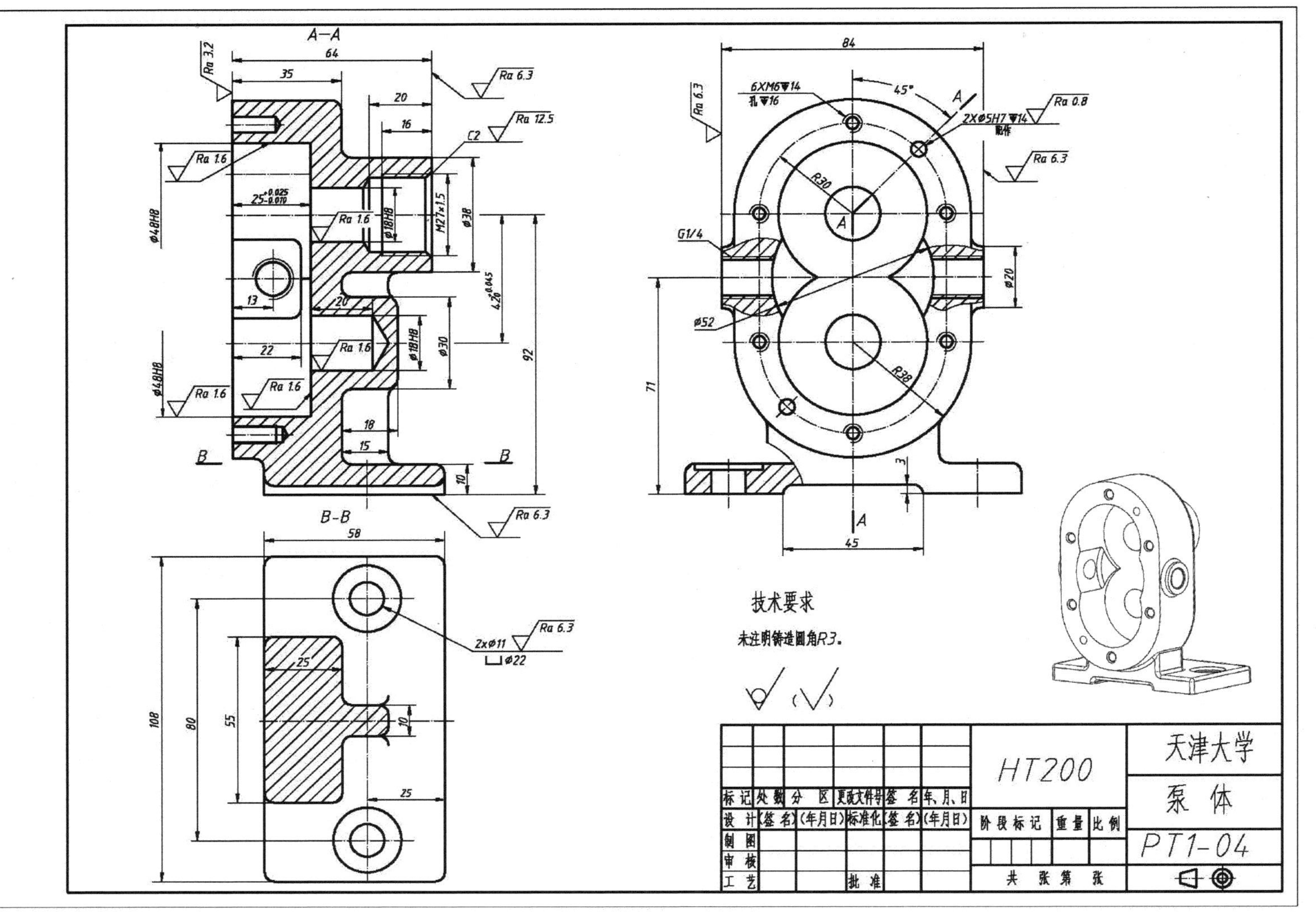

A—A
B—B
技术要求
未注明铸造圆角R3。
HT200
天津大学
泵 体
PT1-04
标记 处数 分 区 更改文件号 签 名 年、月、日
设计 (签名)(年月日) 标准化 (签名)(年月日)
阶段标记 重量 比例
制图
审核
工艺
批准
共 张 第 张

图 6-30 泵体工程图

所示。

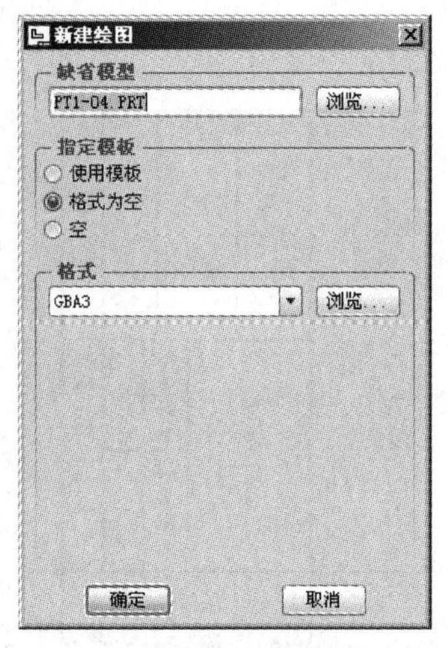

图 6-31　新建绘图对话框

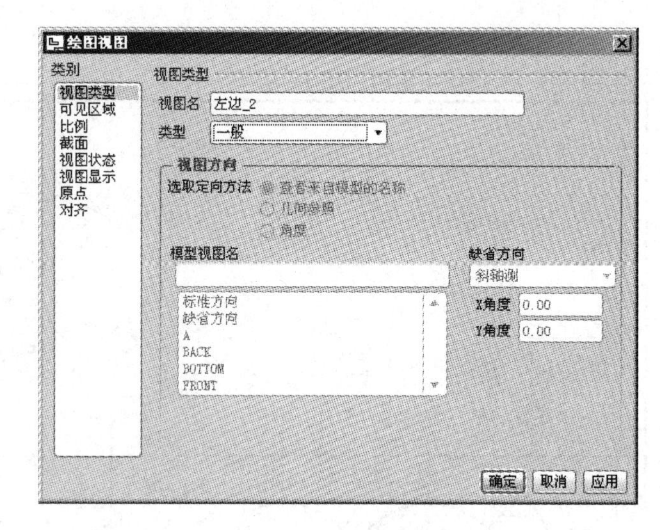

图 6-32　绘图视图对话框

④俯视图取全剖视，调整剖面线间距，关闭平面显示、轴显示、点显示、坐标系显示等，显示图形的轴线，图形核查无误后转化为图元。

⑤左视图取局部剖视，调整剖面线间距，显示图形的轴线。

⑥主视图采用两个相交的剖切平面剖开得到全剖视图，调整剖面线间距。在主视图中选中肋板的轮廓做构造线，在三维造型中隐含肋板，以使肋板纵向剖切不画剖面线。显示图形的轴线。

⑦标注尺寸时，选中尺寸中的字体与竖直方向的夹角为 15°。

⑧标注表面结构要求，“技术要求”标题为 10 号字，其内容为 7 号字。

⑨填写标题栏，标题栏中小字部分为 5 号字，大字部分为 10 号字。

⑩投影轴测图，在图框内投影造型的轴测图并转化为图元，去掉不必要的切线。

⑪修改系统颜色，使图形显示为白底黑色，如图 6-33 所示。

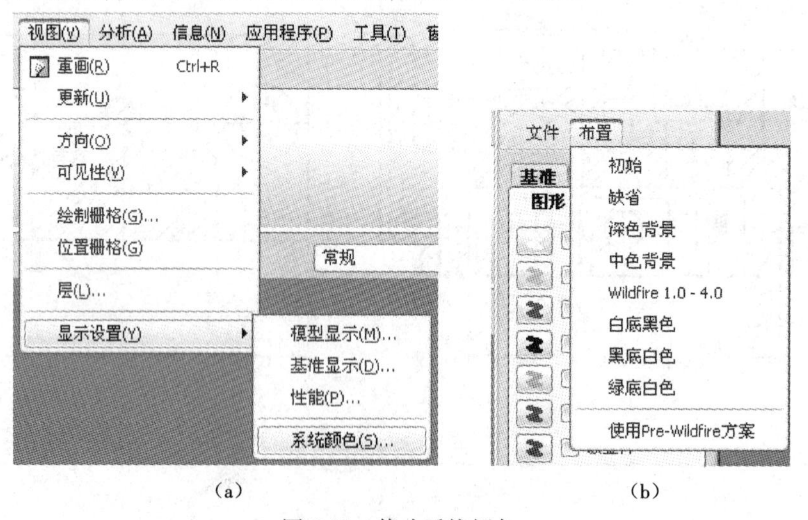

（a）　　（b）

图 6-33　修改系统颜色

（a）视图设置下拉菜单　（b）系统颜色设置对话框

⑫将文件存为“学号姓名.pdf”的电子文件进行保存,并选取“勾画所有字体,如图6-34所示的导出设置对话框。

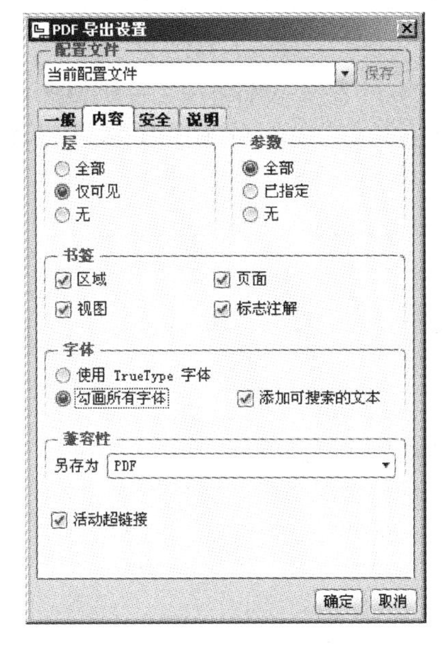

图6-34　PDF文件导出设置对话框

思考题

1. 启动Pro/ENGINEER软件的方式有哪几种?
2. 在开始一个新的Pro/ENGINEER工作之前需要进行的准备工作有哪几步?
3. 进行草绘的主要步骤是什么?
4. 进行实体建模的主要步骤是哪几步?
5. 装配体建立中的约束种类有哪些?
6. 制作工程图的主要步骤是什么?

第7章 SolidWorks 软件基本操作应用指导

SolidWorks 是由美国 SolidWorks 公司设计推出，是机械产品三维造型设计中最受欢迎的软件之一。它是一款基于特征的参数化实体建模工具，最大特点是上手容易、兼容性好。下面以 SolidWorks2012 版本为基础，介绍“机械图样”实体建模的基本思路和步骤。

1 零件造型

1.1 实验目的

①熟悉 SolidWorks 用户界面及基本操作。

②掌握 SolidWorks 二维草图的基本命令及使用方法。

③掌握 SolidWorks 零件三维建模的基本命令及使用方法。

1.2 实验要求

根据二维零件图，实现零件的实体建模。

1.3 实验工具

SolidWorks 软件，计算机。

1.4 实验内容及步骤

根据附图3所示的泵体零件图创建其三维模型。

(1)结构分析

泵体是一典型的“箱体类”零件。工作部分主要以“右视基准面”作为主要草图平面；上下沉孔相对位置关系及内部结构细节则主要通过“前视基准面”表达；对于“泵体”零件与其他零件间的连接及定位关系，则主要通过底板结构加以表达。

(2)创建文件

保存零件“泵体”到预先设定好的齿轮油泵文件夹中。

(3)实体建模

1)创建泵体“主体”结构

选择“右视基准面”作为草图平面，绘制草图并拉深，如图7-1所示，选择“主体结构”的左端面为草图平面，绘制草图并挖除齿轮箱内孔，最终得到如图7-2的结果。

2)创建泵体安装部分

为确保底板和泵体主体结构的定位关系，首先定义用户的基准面，下拉菜单“插入”→参考几何图→基准面，再进行建模，如图7-3、图7-4所示，最后添加安装板小孔。

3)创建轴的支撑部分

选择“主体结构”的右端面为草图平面，绘制主动轴和从动轴的支撑部分，然后切除“主动

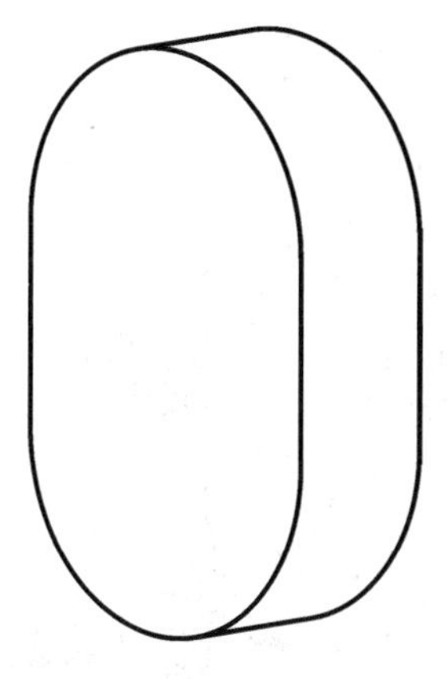

图 7-1　泵体主体基本外形

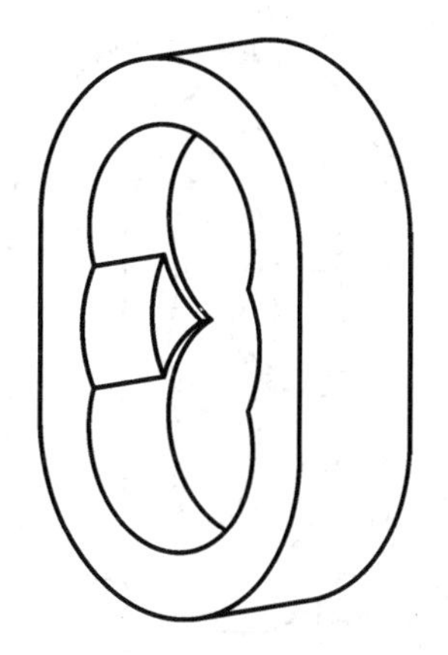

图 7-2　泵体主体结构图

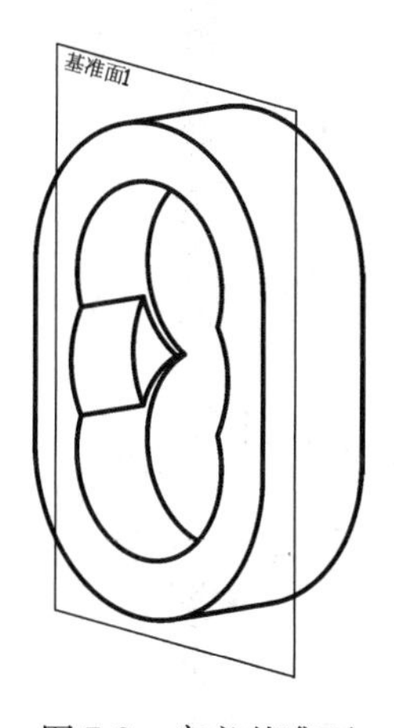

图 7-3　定义基准面

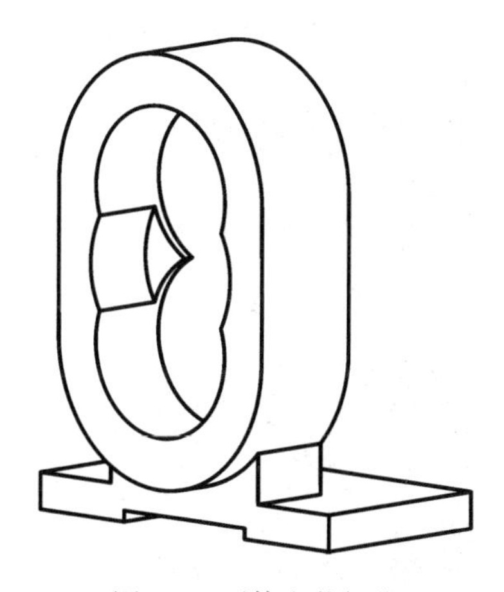

图 7-4　泵体安装部分

轴孔”及“从动轴孔”，利用“异型孔向导”添加螺纹孔、不通孔，如图 7-5 所示。

4）创建进出油孔

选择“泵体基础结构侧面”绘制草图，拉伸凸台，并以“前视基准面”作为基准镜像另一侧凸台，使用“异型孔向导”命令绘制螺纹孔，如图 7-6 所示。

5）创建加强肋板

启动“筋”命令，完成上下肋板的绘制，特征设置如图 7-7 所示。

6）创建泵体左端面的螺纹孔和销孔

选择“泵体外端面”，使用“异型孔向导”命令得到如图 7-8 所示的结果。

7）添加圆角，完成建模

使用“圆角”命令，创建各部分圆角，最终完成泵体零件的实体建模，如图 7-9 所示。

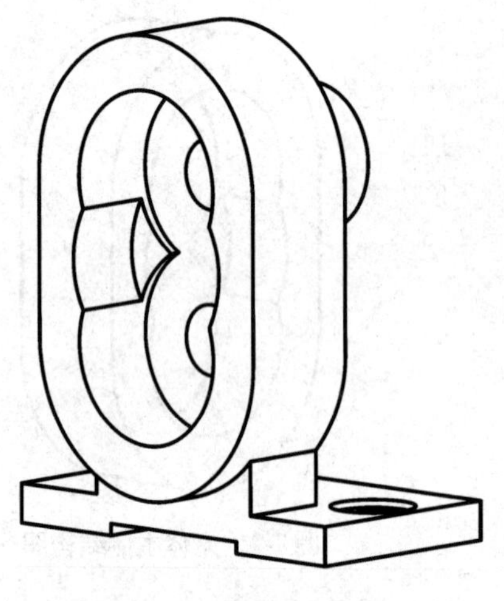

图 7-5　轴的支撑部分

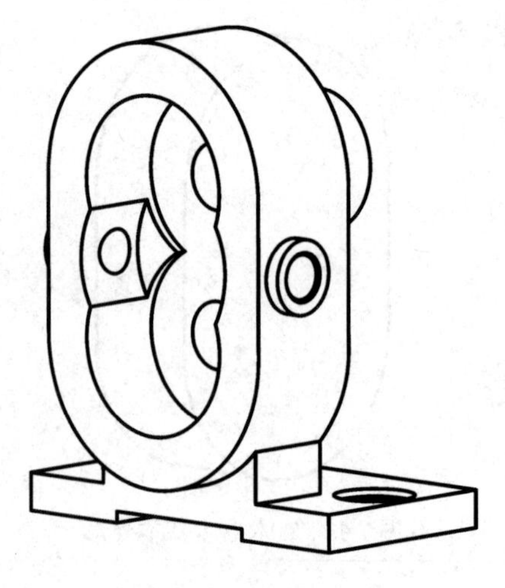

图 7-6　进出油孔

图 7-7　“筋”特征设置

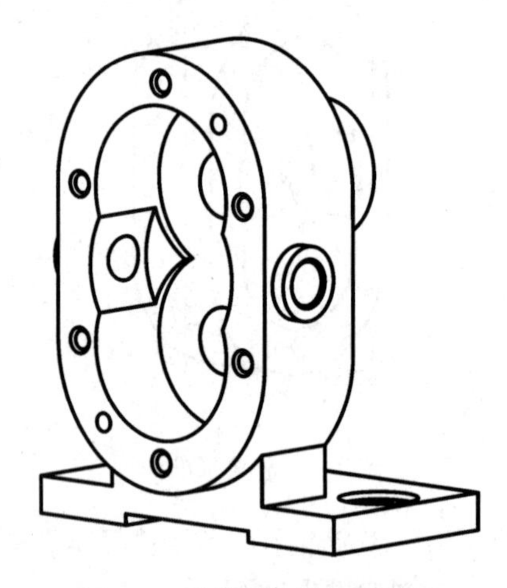

图 7-8　泵体端面的螺孔效果

1.5　实验报告

根据零件图创建泵体的三维零件模型,具体要求如下:

①结构特征要完整,尺寸约束要完整;

②编辑零件材料为灰铸铁;

③零件按照图 7-9 所示摆放;

④提交文件名为“学号姓名 - 泵体. sldprt”的电子文件。

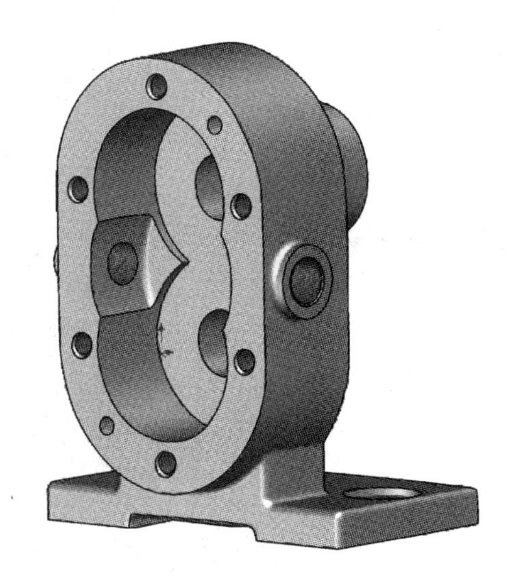

图 7-9　泵体实体效果图

2　装配体拼装

2.1　实验目的

①掌握 SolidWorks 装配体拼装的方法和步骤。
②能够熟练设定零件间的配合关系。
③利用设计树来控制和管理装配体。

2.2　实验要求

基于所有组成装配体的零件三维模型创建装配体。

2.3　实验工具

SolidWorks 软件,计算机。

2.4　实验内容及步骤

将组成“齿轮油泵”所有零件的实体模型拼装成如图 7-10 所示的装配体。

(1)装配体分析

模型装配过程与机械部件的实际安装路径相同,首先固定“泵体”零件。然后按照传动路线,依次添加主动轴、键、主动齿轮,从动轴、从动齿轮等内部结构。当所有内部结构都添加完成后,再依次添加垫片、泵盖、螺栓组件学号姓名 - 齿轮油泵等用于密封以及固定连接的其他零件。

(2)创建文件

创建装配体文件,插入“泵体”零件到绘图区合适位置,保存为“学号姓名 - 齿轮油泵装配体”,如图 7-11 所示。

图 7-10　齿轮油泵装配体模型

图 7-11　“打开”装配体零件

(3)装配体建模

1)添加主动轴及键

插入“08 主动轴”,添加端面重合、同心配合,插入零件“18 键 6 × 6 × 14”,添加宽度高级配合、底面重合配合,以及零件“18 键 6 × 6 × 14”前端半圆柱面与零件“08 主动轴”键槽孔前端半圆柱面间的同轴心配合,如图 7-12 所示。

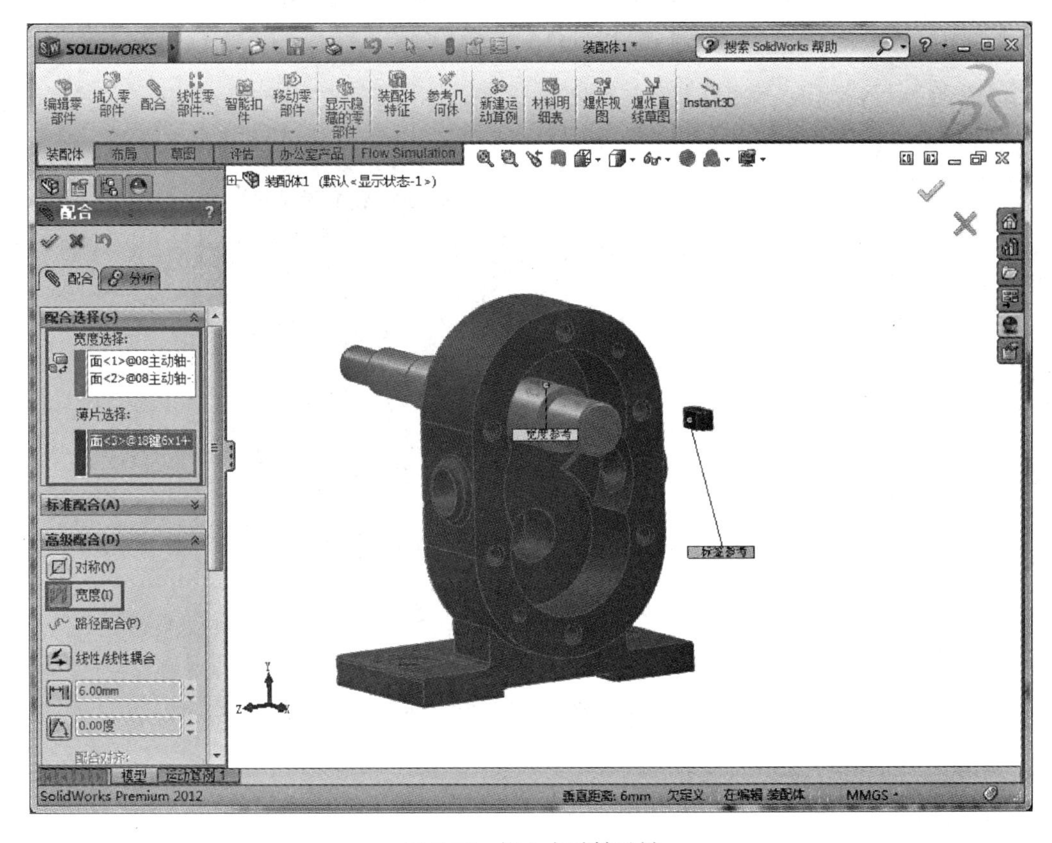

图 7-12　插入主动轴及键

2)依次添加其他零件及配合

包括零件“17 主动齿轮”、“15 从动轴”、“16 从动齿轮”,并建立零件间的配合关系,齿轮间的配合有专用界面,如图 7-13 所示。

3)添加连接结构

添加零件“03 垫片”、“01 泵盖”及配合关系,利用命令“选项”→插件…点选“SolidWorks Toolbox”,“SolidWorks Toolbox Browser”两个插件,依次添加界面右侧【资源库】中的“平垫圈”、“六角头螺栓”、“销钉”,得到如图 7-14 的结果。

4)调整显示效果

通过【零件设计树】→零件“01 泵盖”→右键【快捷菜单】→使“透明”获得如图 7-10 所示的装配效果图。

2.5　实验报告

基于齿轮油泵泵体的零件模型,拼装齿轮油泵装配体,具体要求如下:

①装配体模型要包含所有组成零件;

②各零件的放置和定向要完整约束;

③提交文件名为“学号姓名 - 齿轮油泵. sldasm”的电子文件。

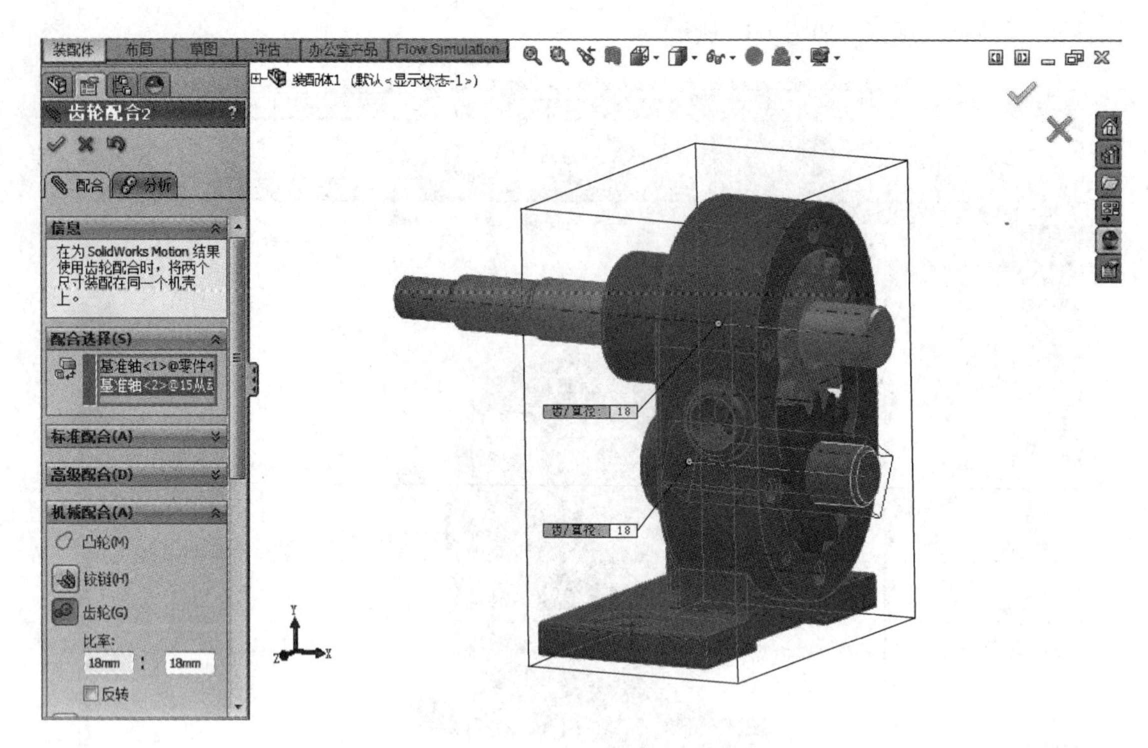

图 7-13　设置“齿轮”机械配合

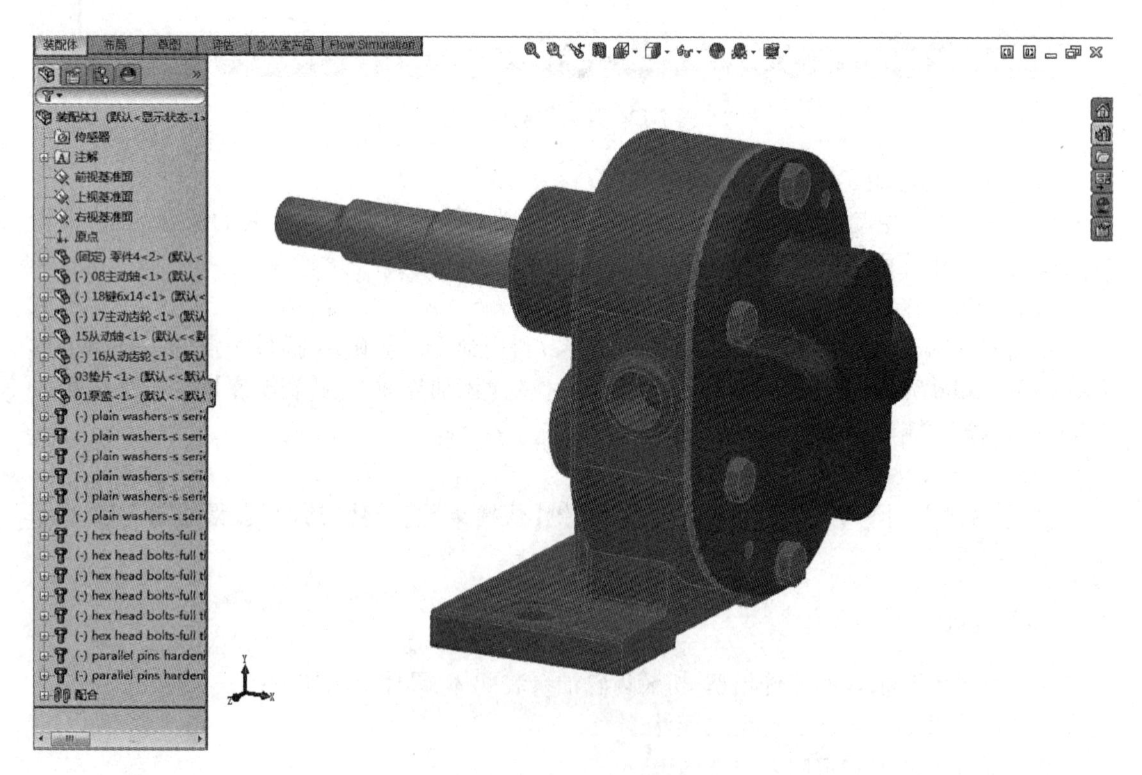

图 7-14　插入相应的连接件

3 工程图绘制

3.1 实验目的

①掌握创建多种类型工程图的方法。
②能够正确设置符合国标的绘图环境。

3.2 实验要求

利用 SolidWorks 软件生成符合国标的工程图样。

3.3 实验工具

SolidWorks 软件,计算机。

3.4 实验内容及步骤

根据图 7-9 所示泵体的实体模型生成一副工程图。

(1)工程图模板设置

为避免生成工程图的重复性工作,可创建“工程图模版”来实现快速设置,主要包括绘图环境和图纸格式的设置。绘图环境通过下拉菜单“工具”中“选项”来实现,文档属性中“绘图标准”设置为“GB”,内部细节如“注释”、“尺寸”、“出样图”、“线型”、“线条样式”、“剖面视图”均应完成相应的设置,如图 7-15、表 7-1 所示。

表 7-1 工程图模板的设置内容

类别	子类别	默认设置	更改设置
绘图标准	总绘图标准	ISO	GB
注解	字体	Century Gothic	ISOCP - 斜体 - 3.5 mm
尺寸	字体 主要精度/双精度 箭头	Century Gothic .12/.123 1.02/4.08/6.35	ISOCP - 斜体 - 3.5 mm 无/无 1/3/7-实心
尺寸-角度	文本位置	文字对齐	水平文字
尺寸-直径	显示第二向外箭头 文本位置	不勾选 文字对齐	勾选 水平文字
视图标号	字体	长仿宋体	ISOCP - 斜体 - 5 mm
-剖面视图	依照标准 样式	勾选 空心	不勾选 名称-无 实心
线型	边线类型	可见边线 构造性曲线	线粗 0.5 mm 样式点画线
线条样式	新建		剖切符号,B,0, - 20
视图标号	剖面视图 - 线条样式	虚线	新建的“剖切符号” - 0.5

图纸格式及图纸大小也应进行规范。第一次打开工程图时,系统会指导建立图纸样式,包括“图纸大小”及“标题栏”的设置,完成后保存“工程图模版”,存放在 Solidworks \\ solid-

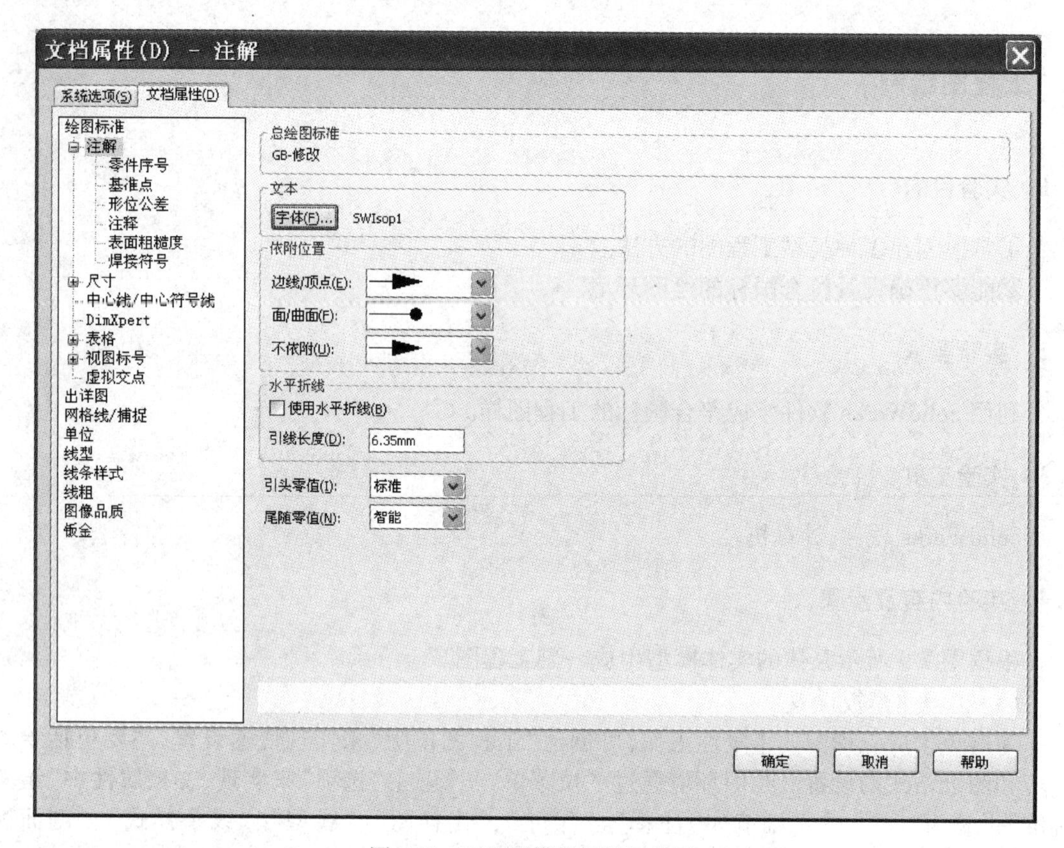

图 7-15　工程图模板的设置位置

works2012\templates 文件夹下,以备调用。

(2)实体模型分析

泵体的整体外形特征是由左视图表达的,内部的孔结构和分布情况由全剖的主视图来表达;而底板俯视图则主要表达了底板上安装孔位置。由此可见,工程图生成的合理路径是:左视图→主视图→俯视图。

(3)创建工程图文件

打开泵体三维模型,下拉菜单"从零件/装配体制作工程图",采用上述"工程图模板"文件的设置开始绘图,如图 7-16 所示。

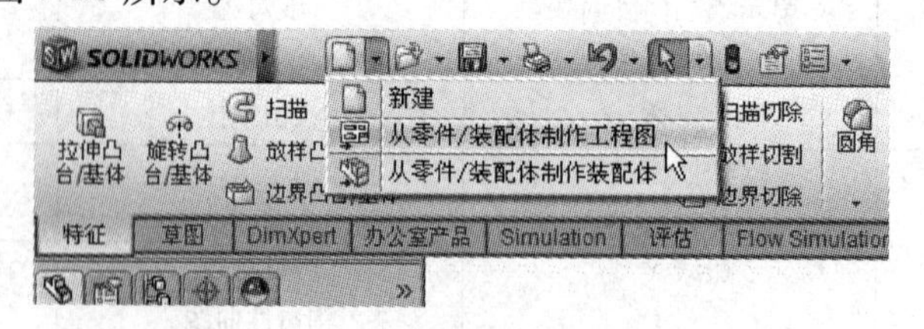

图 7-16　由零件图生成"泵体"工程图

(4)生成工程图

1)插入左视图

从"视图布局"中启动"模型视图"命令,选取左视图,并利用"投影视图"命令,插入左视图。

2）插入全剖主视图

从“视图布局”中启动“旋转剖视图”，在左视图上绘制旋转剖面符号 A—A，将生成的全剖主视图拖拽到合适位置。

3）插入全剖俯视图

依照上述方法将生成的全剖俯视图拖拽到合适位置，如图 7-17 所示。

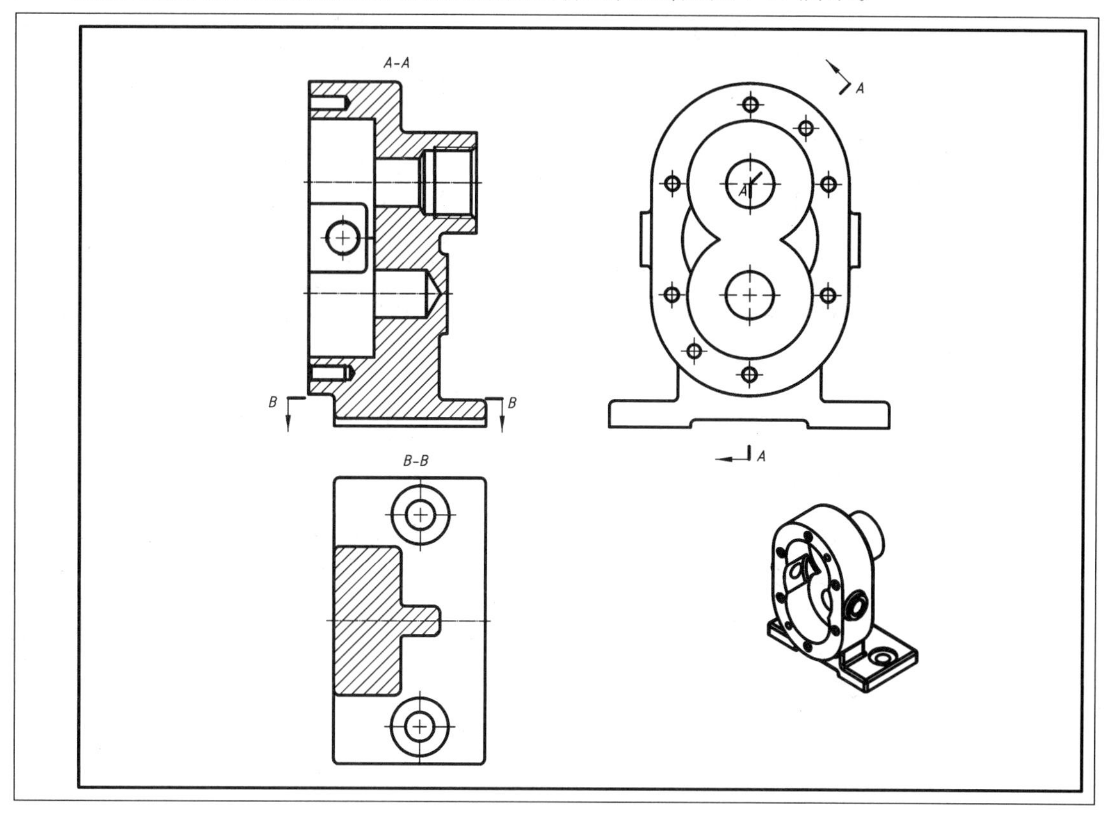

图 7-17　泵体三视图

4）创建局部剖视图

从“视图布局”中启动“断开的剖视图”命令，在需要局部剖切的位置圈画剖切范围，创建“前、后表面螺纹孔”及“底板安装锪平孔”的“局部剖视图”，如图 7-18 所示。

5）编辑剖面区域

一般情况下剖面区域会自动添加相应的剖面线，但一些特殊情况如肋板纵向剖切等按国标规定是不剖切的，因此需要重新编辑“剖面区域”。首先去除主视图的剖面线，激活草图工具栏，在主视图中精确勾画出肋板轮廓的草图，效果如图 7-19 所示，再重新填充剖面线。

6）完善视图

按照国标的相关规定，工程图还需要修正圆角，添加中心线。

7）标注尺寸及技术要求

尺寸标注使用“智能尺寸”命令来实现，尺寸公差、配合代号及表面结构要求的标注需要启动“特征管理器”来完成，如图 7-20 所示。

8)添加相关文本

使用“注释”命令完成文本的添加,得到如图 6-30 所示的泵体工程图。

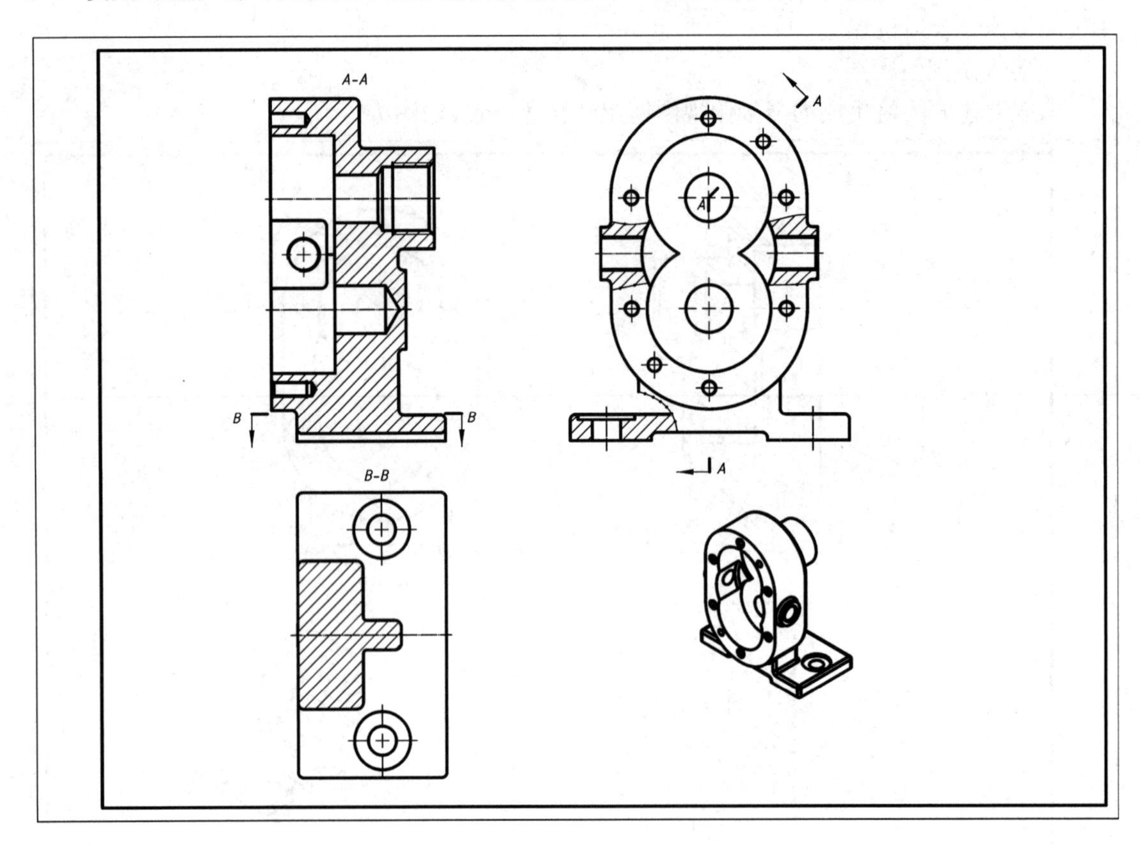

图 7-18　局部剖视图

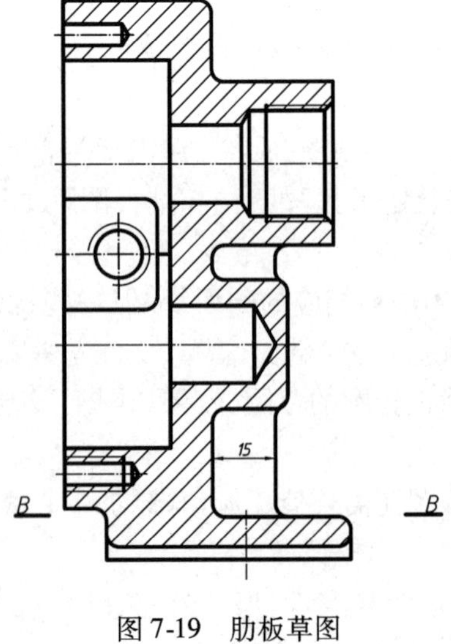

图 7-19　肋板草图

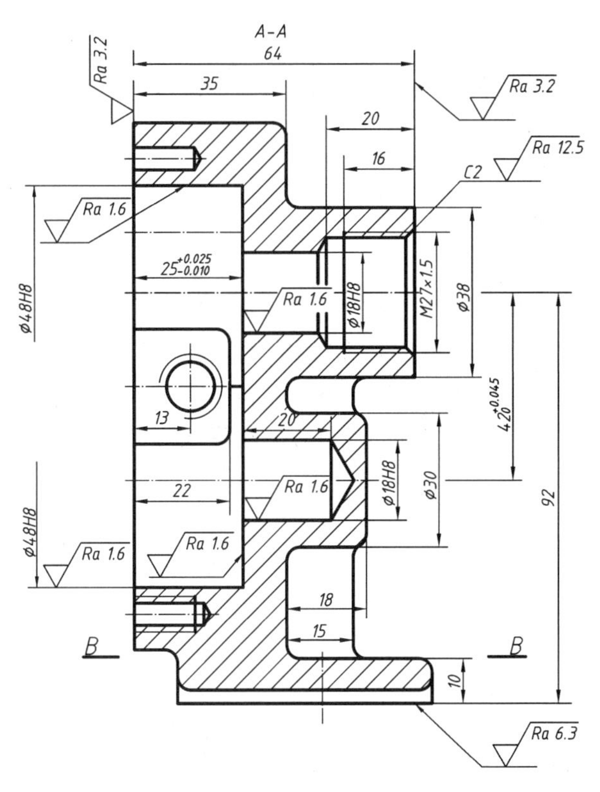

图 7-20　标注尺寸及公差

3.5　实验报告

基于齿轮油泵泵体的零件模型，生成齿轮油泵泵体工程图，具体要求如下：

①正确设置工程图环境；

②创建如图 6-30 所示的视图；

③尺寸标注要完整、清晰；

④表面结构要采用新国标；

⑤提交文件名为“学号姓名 - 齿轮油泵. slddrw”的电子文件。

思考题

1. 简述使用 SolidWorks 建立模型的一般过程。
2. 如何添加草图的几何关系？
3. 如何添加齿轮间的配合关系？
4. 如何调整装配体的显示效果？
5. 试述装配体分解图的创建过程。
6. 如何为工程图添加注解？

第 8 章　先进实验技术简介

1　机器人创意设计与构型

本实验采用“慧鱼教具及创意组合模型”进行辅助教学，该模型是由德国 Artur Fischer 博士于 1964 年发明的。“慧鱼”有各种型号和规格的零件近千种，一般工程机械制造所需要的零部件（如连杆、齿轮、马达、涡轮以及气缸、压缩机、发动机、离合器），信号转换开关、计算机接口等都可以在“慧鱼”中找到。“慧鱼”模型易于搭建，适合从未制作过机器人的初学者。

1.1　实验目的

通过搭建慧鱼教具模型，了解典型机器人的传动机构与运动方式；结合创新思维与现代设计方法，采用三维绘图软件进行机器人创意设计与构型。

1.2　实验要求

分组搭建模型，了解机器人传动机构；进而构思一款具有一定功能的三自由度机器人，并采用三维绘图软件绘制机器人的零件图和装配图。

1.3　实验工具

慧鱼教具、三维绘图软件（如 SolidWorks、Pro/ENGINEER 等）、计算机。

1.4　实验内容及步骤

本实验选用两种慧鱼模型，分别为 1 号直角坐标型机器人（图 8-1 至图 8-3）和 2 号多关节型机器人（图 8-4 至图 8-7）。要求：同学分组搭建模型，每组 4 ~ 5 人；以所搭建的机器人模型为基础，创新设计一款可实现一定功能的三自由度机器人；最后，每组上交一份机器人装配图。

1.4.1　分组搭建慧鱼模型

请各组同学参照图例逐步搭建模型。注：上述图中 E 类零件是融发式开关，M 类零件是电机。

①搭建直角坐标型机器人模型。

②搭建多关节型机器人模型。

1.4.2　机器人创意设计与构型

①依据搭建的机器人模型，将创新思维与现代设计方法相结合，各组提出机器人设计方案。设计要求：机器人具有一定功能，其传动机构可实现三个自由度的运动。

②运用三维绘图软件实现机器人传动机构的零件绘制和装配设计。例如，图 8-8 是一款水果采摘机器人，可实现 X、Y、Z 三轴联动。该组同学以搭建的 1 号直角坐标型机器人模型为基础，设计出由丝杠螺母传动实现的末端执行结构。图 8-9 是一款抓取型机器人。该组同学以搭建的 2 号多关节型机器人模型为基础，设计出由空间连杆机构实现的末端执行结构。

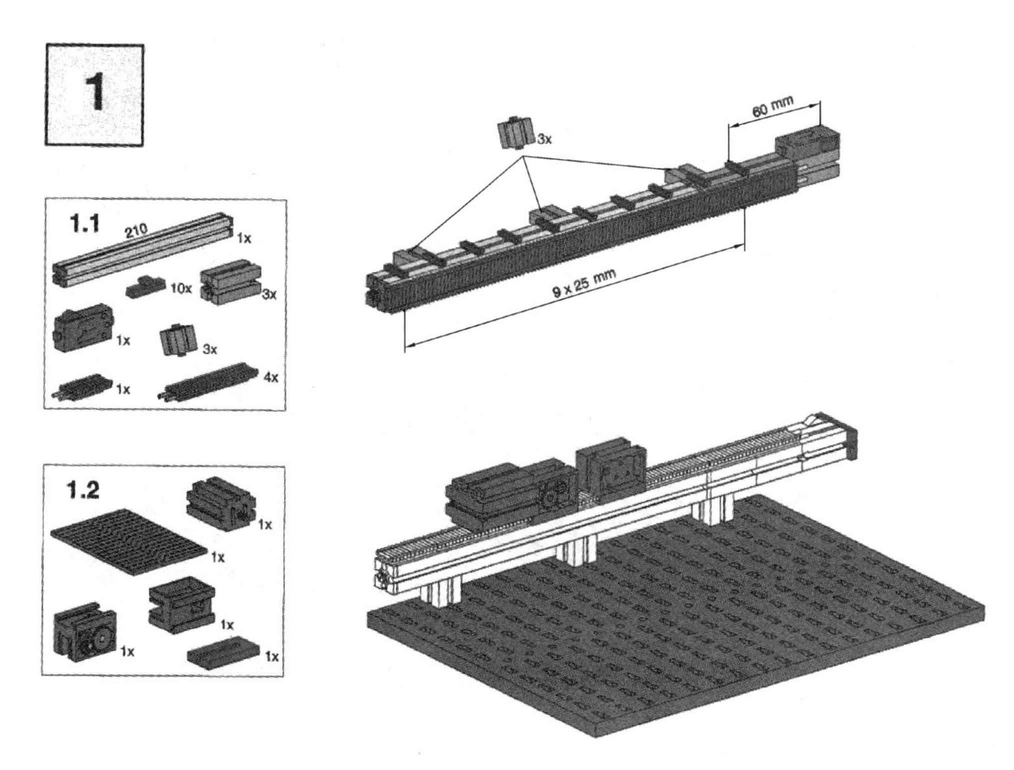

图 8-1　搭建直角坐标型机器人模型步骤 1

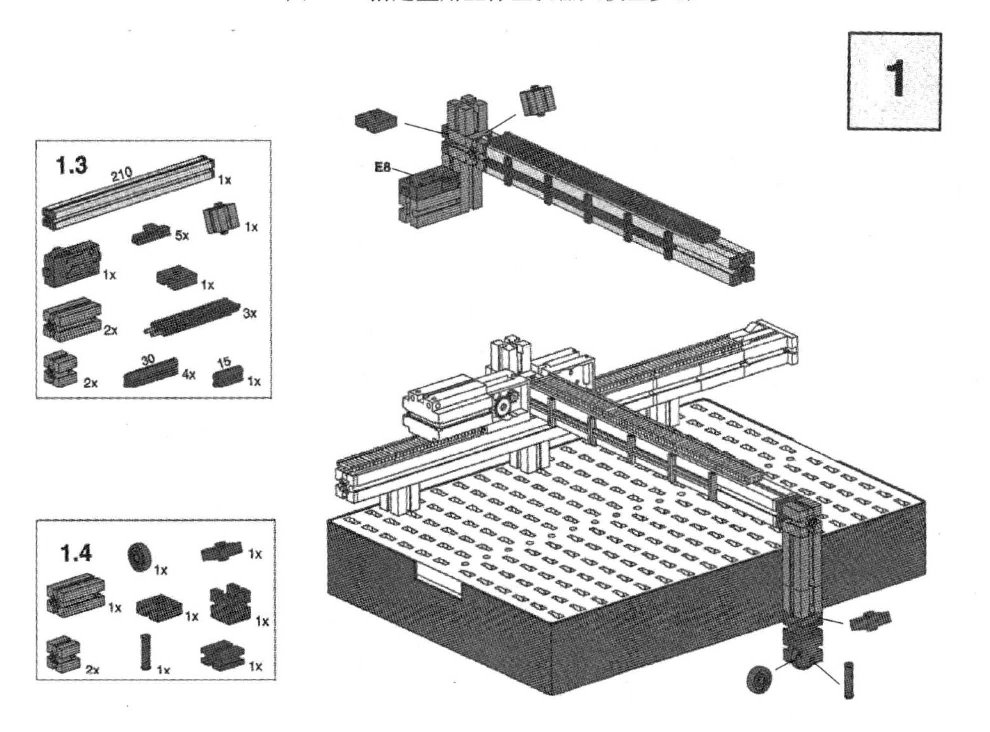

图 8-2　搭建直角坐标型机器人模型步骤 2

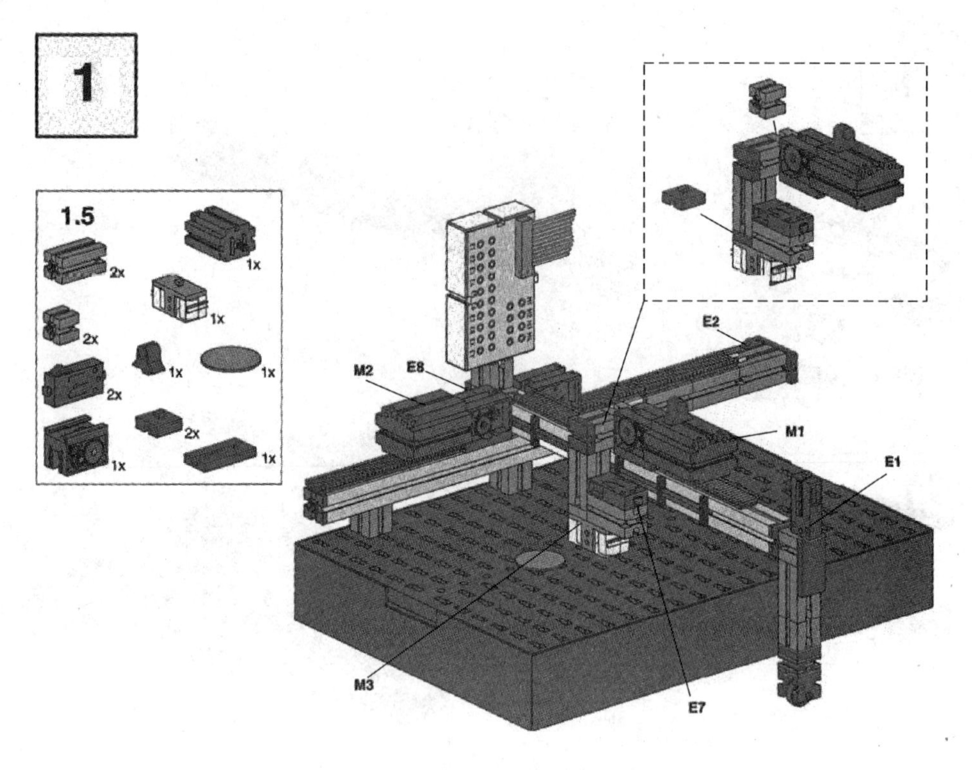

图 8-3　搭建直角坐标型机器人模型步骤 3

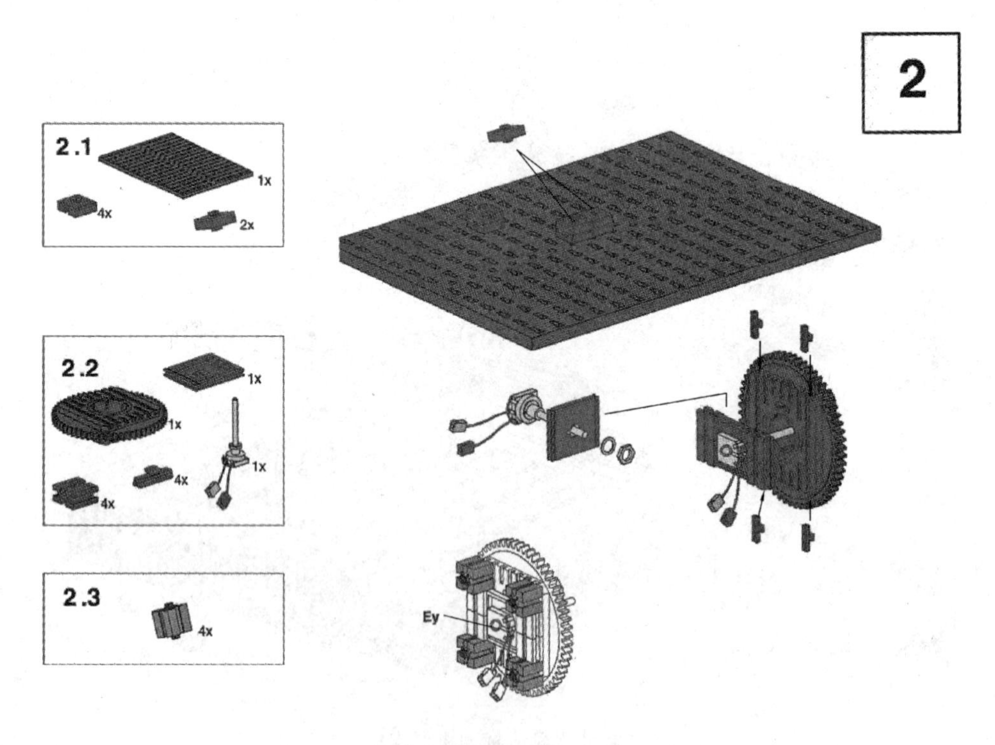

图 8-4　搭建多关节型机器人模型步骤 1

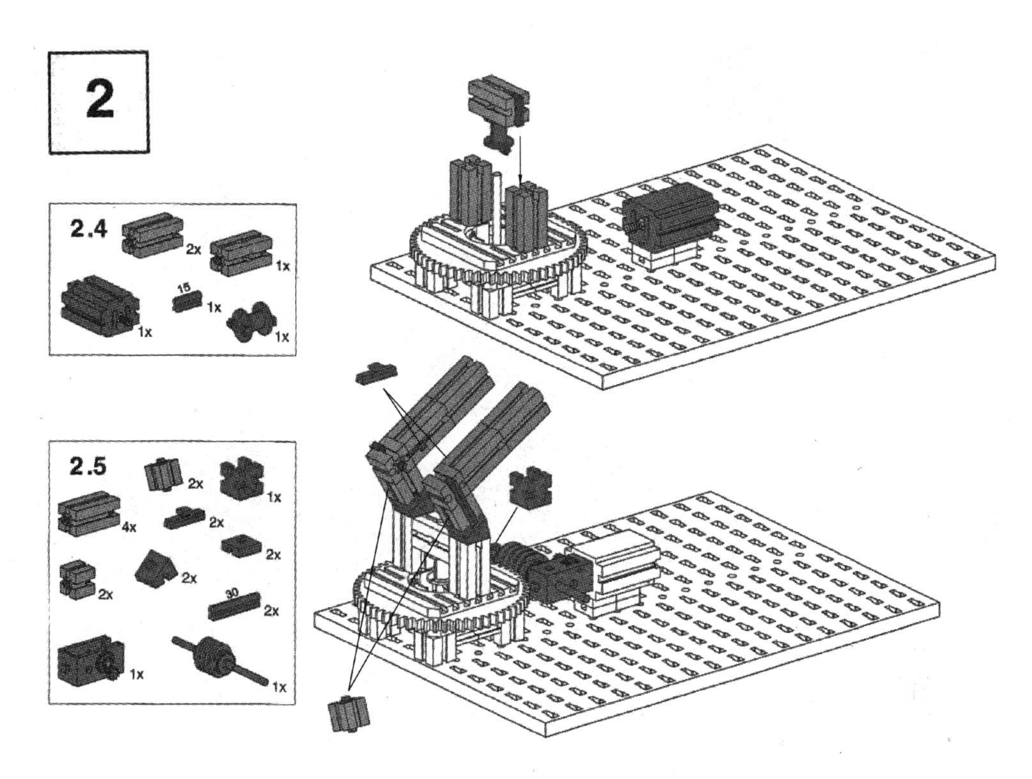

图 8-5　搭建多关节型机器人模型步骤 2

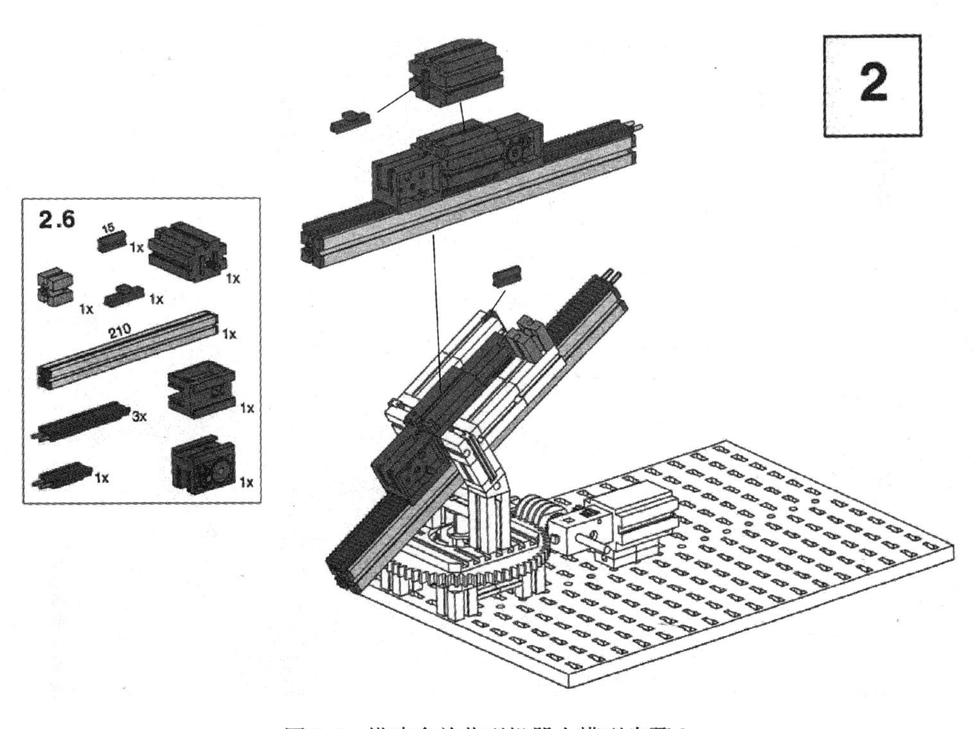

图 8-6　搭建多关节型机器人模型步骤 3

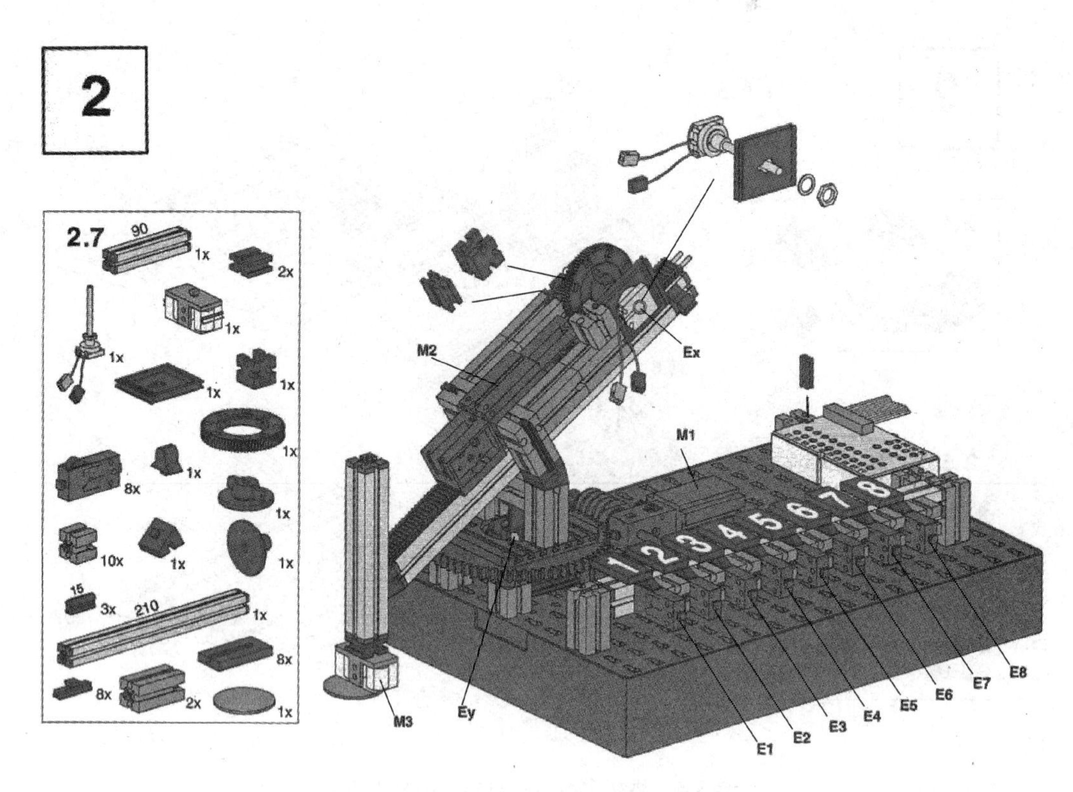

图 8-7 搭建多关节型机器人模型步骤 4

图 8-8 直角坐标型机器人创意设计

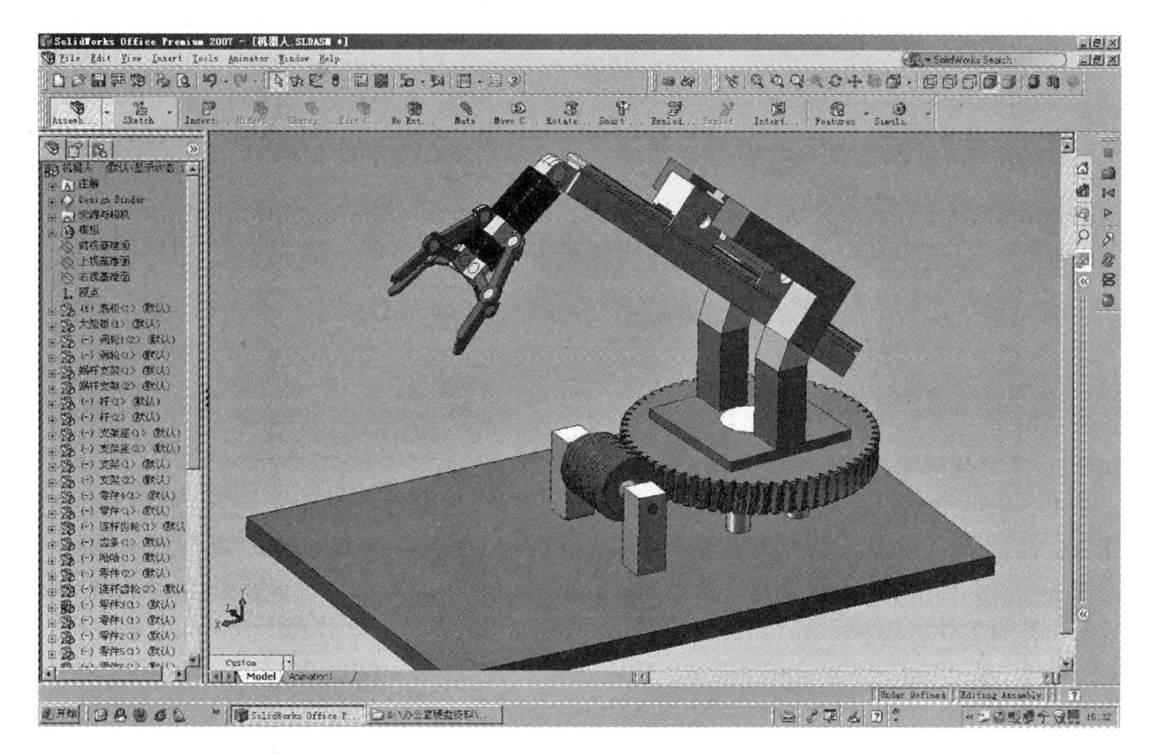

图 8-9　多关节型机器人创意设计

1.5　实验报告

分组搭建模型，每组 4 ~5 人；根据所搭建的模型，采用三维绘图软件进行机器人创意设计，要求机器人具有一定的功能，可实现三个自由度的运动。最后上交机器人装配图。

2　三维测绘技术简介

2.1　三维测绘分类

三维测绘是指运用一定的技术手段测量目标的三维坐标。根据三维坐标确定目标的形状、位置、空间姿态，在计算机上进行三维重建并尽可能的真实还原目标。三维测量技术主要包括接触式和非接触式测量两大类，如图 8-10 所示。

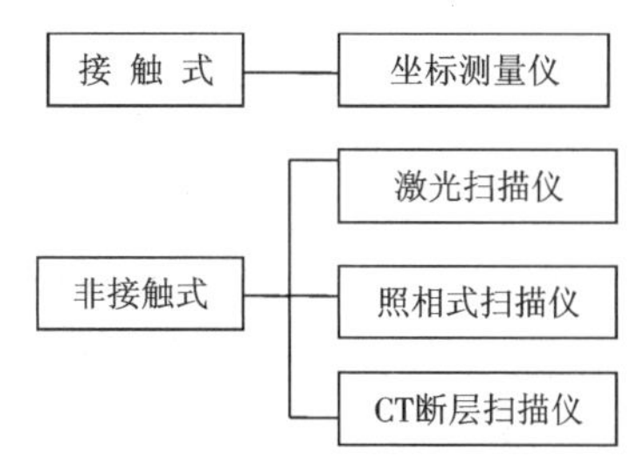

图 8-10　三维测量技术分类

接触式三维测头存在接触压力，对不可触及的表面（如软表面，精密的光滑表面等）无法测量，而且测头的扫描速度受到机械限制，测量效率较低，不适合大范围测量。非接触式三维测量不需要与待测物体接触，可以远距离非破坏性地对待测物体进行测量。其中，光学非接触式测量是非接触式测量中主要采用的方法。三维测绘过程如图 8-11 所示。

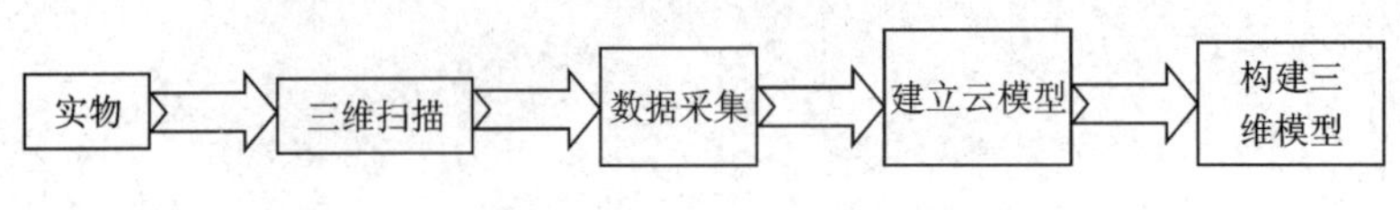

图 8-11　三维测绘过程

2.2　常见的三维测绘技术

2.2.1　三坐标测量机

由三个互相垂直的运动轴 X，Y，Z 建立起的一个直角坐标系。测量时，把被测零件放在工作台上，测头与零件表面接触，通过测量空间任意的点、线、面以及相互位置，获得被测量几何型面上各测点的精确位置。将这些数据送入计算机，通过相应的软件进行处理，就可以精确地计算出被测工件的几何尺寸，位置公差及轮廓精度等。缺点是速度较慢。三坐标测量机如图 8-12 所示。

图 8-12　Roland PIX－30 PICZA 三坐标测量机

2.2.2　三维激光扫描仪

三维激光扫描仪主要是由一台高速精确的激光测距仪，配上一组可以引导激光并以均匀角速度扫描的反射棱镜组成。激光测距仪主动发射激光，同时接受由自然物表面反射的信号，从而可以进行测距，针对每一个扫描点可测得测站至扫描点的斜距，再配合扫描的水平和垂直方向角，可以得到每一扫描点与测站的空间相对坐标。三维激光扫描仪具有以下高速扫描、简单易用、测量距离长、数据准确、扫描控制选项多样、激光扫描仪不受大地水准面的精度制约等特点。但是三维激光扫描仪售价较高，仪器自身和精度的检校存在困难，目前检校方法单一，基准值求取复杂，点云数据处理软件没有统一化，精度、测距与扫描速率存在矛盾关系。如图 8-13 所示。

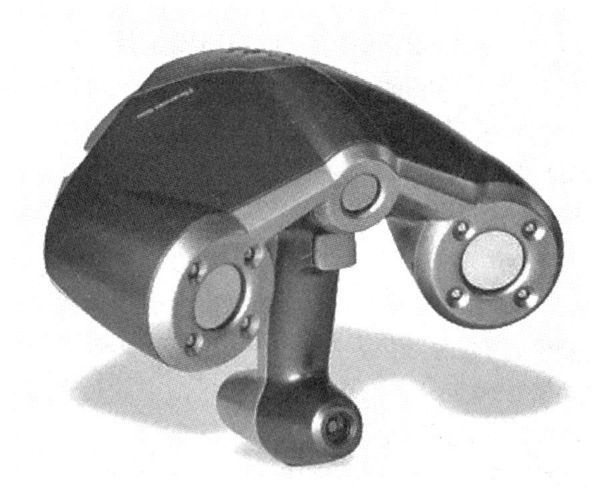

图 8-13　ZScanner800 手持型自定位式三维激光扫描仪

2.2.3　照相式测量仪

采用非接触白光技术,将特定的光栅条纹投影到测量工作表面,借助高分辨率 CCD 数码相机对光栅干涉条纹进行拍照,扫描速度非常快,测量过程中被测物体可以任意翻转和移动,对物件进行多个视角的测量,系统进行全自动拼接,轻松实现物体 360 度高精度测量。操作简单方便,如图 8-14 所示。

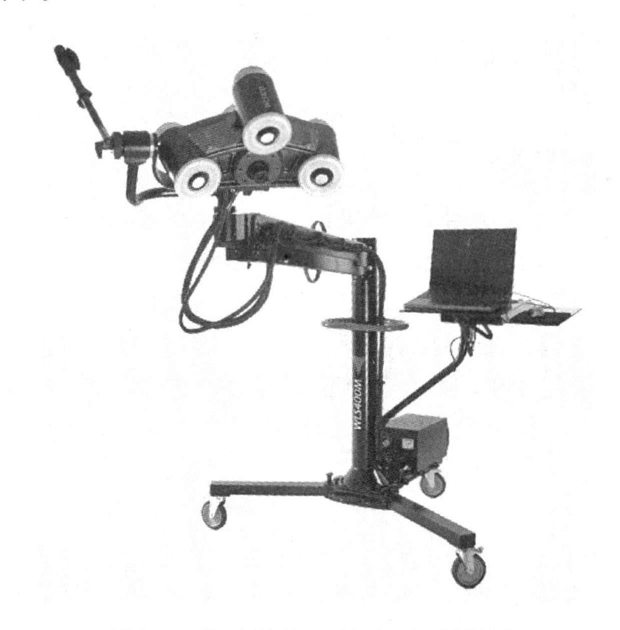

图 8-14　海克斯康 WLS400M 白光测量机

2.2.4　基于 Leica 激光跟踪仪的 T-Scan 扫描测量技术简介

在产品开发过程中,如何高效地将实物样件转化成数学模型,以便进行结构设计与分析,是当前产品与模具开发部门面临的最关键的技术问题之一。近年来,三维激光扫描技术被广泛应用于自由曲面的三维点云信息采集。该技术采用非接触式测量,具有点位测量精度高、空间点采集密度大、速度快以及可以进行柔性测量。

图 8-15 是一台基于 Leica 激光跟踪仪 T-Scan 扫描测量技术的轻型非接触式手持激光扫描仪,其测量范围可达 30 m,具有 70 000 点/秒的数采集能力,可以在几分钟内采集数百万个点的数据,用于实现曲面测量、模具制造和逆向工程,在 8.5 m 范围内空间长度测量误差不超过 50 μm。它可以根据被测物体表面状况自行调节激光束密度,表面不需要涂层处置,保证在全范围内精确读取六维位置,并且可以对重要部位进行精确扫描,如对孔、槽等几何元素测量,软件可以自动识别和检测。

T-Scan 扫描原理如图 8-16 所示。T-Scan(图 8-16 中虚线框内)表面分布有 9 个 LED 红外指示灯和 4 个激光反射镜,激光跟踪仪发射激光束到 T-Scan 的反射镜,控制器根据激光测距原理和激光跟踪仪运动参数确定 T-Scan 在测量坐标系中的位置参数,激光跟踪仪上的 T-Cam 通过捕捉 T-Scan 上的 LED 红外指示灯的图像,确定 T-Scan 在测量坐标系中的姿态参数,位置参数和姿态参数共同确定了 T-Scan 在测量坐标系下的位置和姿态。

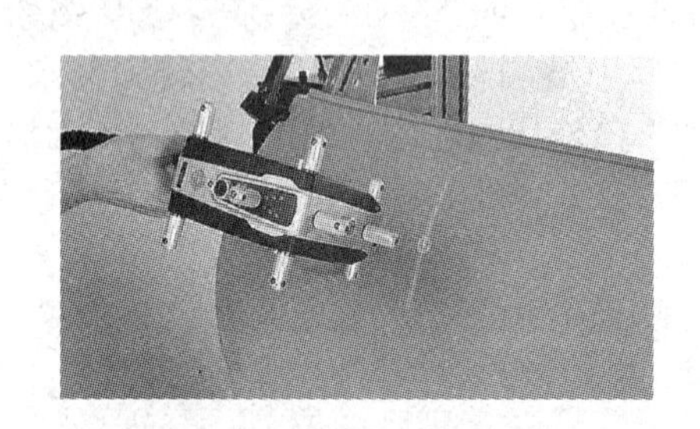

图 8-15　非接触式手持激光扫描仪

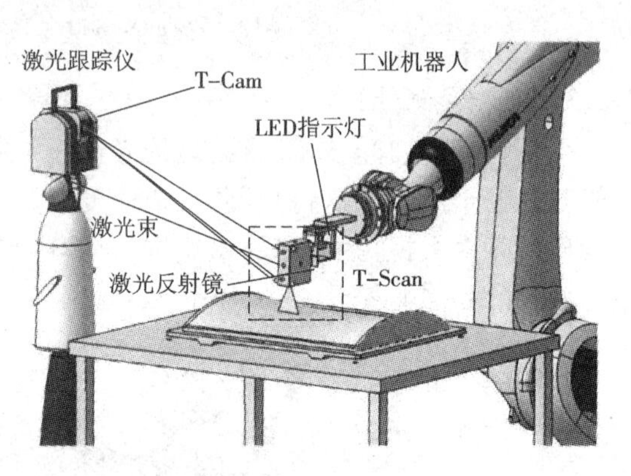

图 8-16　扫描系统工作原理

T-Scan 扫描基于三角测距法测量点的坐标。T-Scan 通过均匀旋转的棱镜将激光发生器产生的激光束打散,在被测物体表面形成线激光。单个激光束在被测物体表面产生理想的点光斑,而点光斑的反射光束经过透镜成像在 CCD 线阵上,投射点到激光源的距离与该点的点光斑的成像位置是对应关系。通过控制器解算 CCD 线阵信号,获得线激光上所有点在 T-Scan 坐标系下的二维坐标。控制器把线激光上点的二维坐标结合 T-Scan 空间位置和姿态转化到测量坐标系下,便获得了被测物体线激光处所有点在测量坐标系下的空间坐标。

2.3　三坐标测量机实验

2.3.1　实验目的

通过对三维扫描的实验,掌握三坐标测量机的操作方法和数据建模及软件的使用方法。

2.3.2　实验要求

对仪器操作及数据采集和数据处理有所了解。

2.3.3　实验工具

三坐标测量机(图 8-12)、Geomagic 软件、计算机。

2.3.4　实验内容及步骤

①使用 Roland PIX－30 PICZA 三坐标测量机对鼠标进行测量,保存格式为默认格式(＊.

pix 格式）。

②利用 Geomagic 软件对测量的点云数据进行处理，将 6 个测量面最终合成三维曲面模型，最后封装成多边形。

③因为是按照原始图堆叠而成，因此需要用注册工具将 6 个面拼接成立体图形。

④删除坏面、填充孔，进行表面光顺处理，创建基准等。

⑤生成曲面。

2.3.5 实验报告

①鼠标实物，如图 8-17 所示。

图 8-17 鼠标实物模型图

②鼠标全局点云图，如图 8-18 所示。

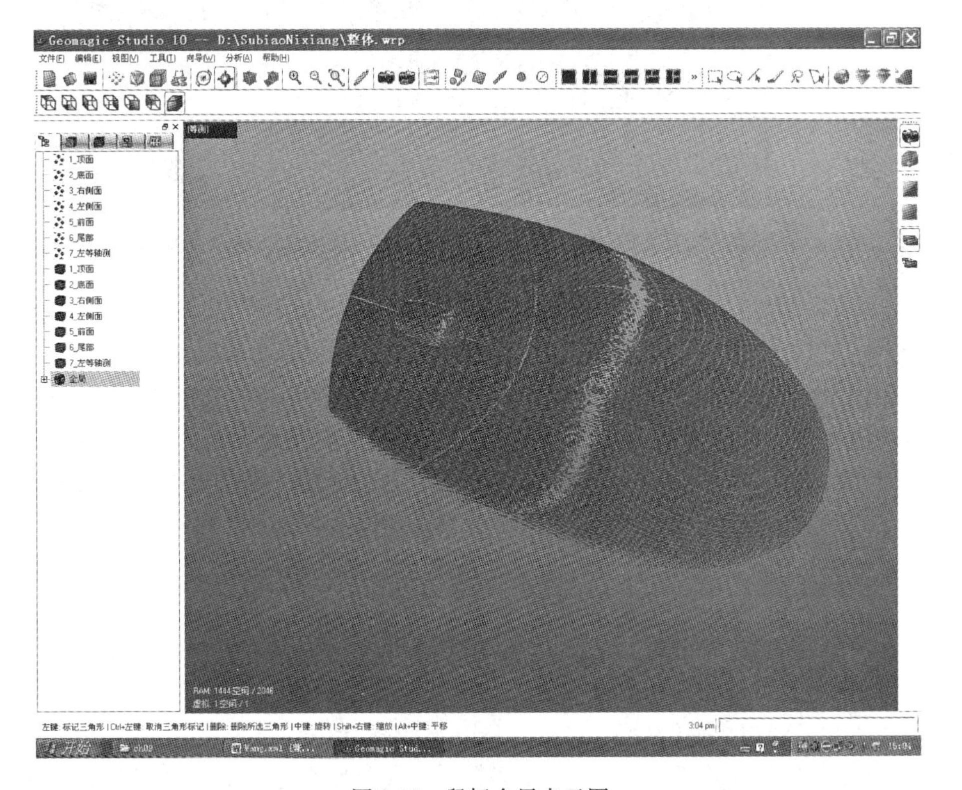

图 8-18 鼠标全局点云图

③鼠标三维模型图，如图 8-19 所示。

3 3D 打印技术简介

3D 打印，又称三维打印，是一种快速成形技术。它是运用粉末状金属或塑料等可粘合材料，通过一层又一层的多层打印方式打印出来，再将各层截面以各种方式粘合起来从而制造出一个实体，几乎可以造出任何形状的物品。传统的制造加工是去除加工，三维打印是增材制

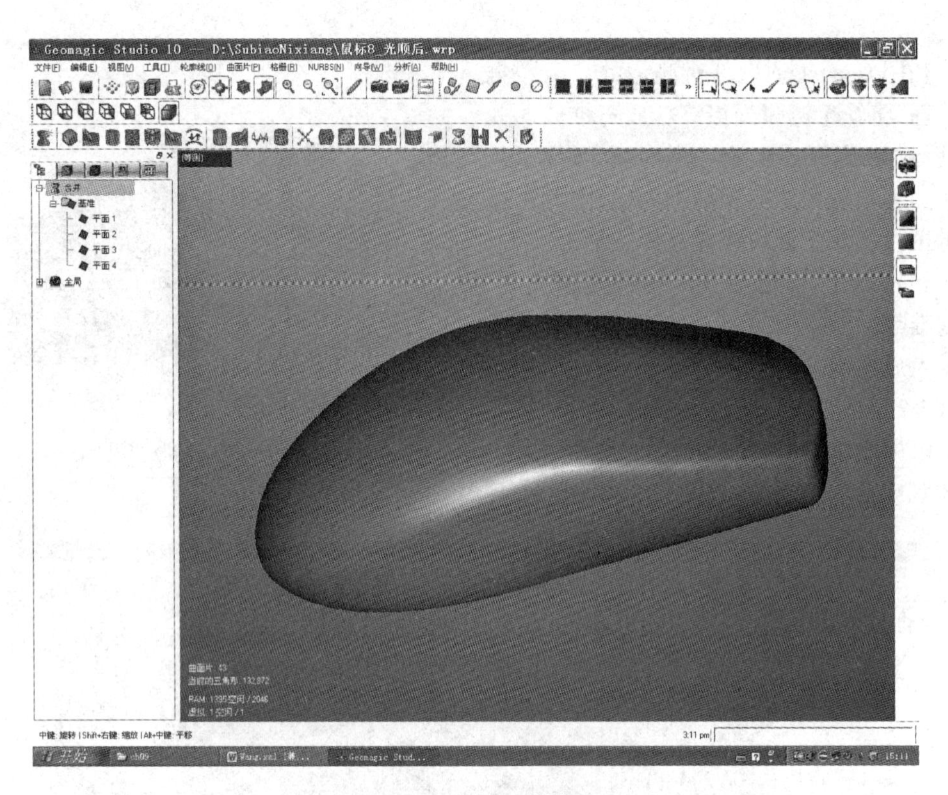

图 8-19　鼠标三维模型

造。增材制造是以数字模型为基础,将材料逐层堆积制造出实体物品的新兴制造技术。

3D 打印技术的原理与文档打印类似,即软件通过电脑辅助设计技术(CAD)完成一系列数字切片,并将这些切片的信息传送到 3D 打印机上,后者将连续的薄型层面堆叠起来,直到一个固态物体成型。3D 打印机与传统打印机最大的区别在于它使用的“墨水”是实实在在的原材料。

3.1　常见的成形工艺

3.1.1　立体平板印刷成形(SLA)

利用光敏树脂经紫外线光照射会固化的性质使树脂逐层叠加成形。

3.1.2　选择性激光烧结成形(SLS)

利用激光直接照射于粉末材料上(非金属粉:蜡、工程塑料、尼龙等和金属粉:铁,钴,铬以及它们的合金),在计算机控制下使之固化而叠加成形。

3.1.3　薄形板材的分层实体切割(LOM)

利用激光照射,在计算机控制下按照 CAD 分层模型轨迹切割片材(涂覆纸:涂有粘接剂覆层的纸、涂覆陶瓷箔、金属箔或其他材质的箔材),然后通过热压辊热压,使当前层与下面已成形工件层粘接,从而堆积成型。

3.1.4　熔化堆积成形(FDM)

利用热塑性材料的热熔性、粘结性,在计算机控制下层层堆积成形。这种技术是目前较常见的 3D 打印技术,以丝状的 PlA、ABS 等热塑性材料为原料,通过喷头加热呈熔融态,在计算机的控制下逐层堆积，最终得到成型的立体零件。

3.2 实验目的

掌握3D打印的关键技术，了解三维打印技术的基本原理，以及常见的4种成形工艺。

3.3 实验要求

对合理的3D打印零件的结构、工艺有所了解。

3.4 实验工具

计算机、三维打印机（桌面型），如图8-20所示。

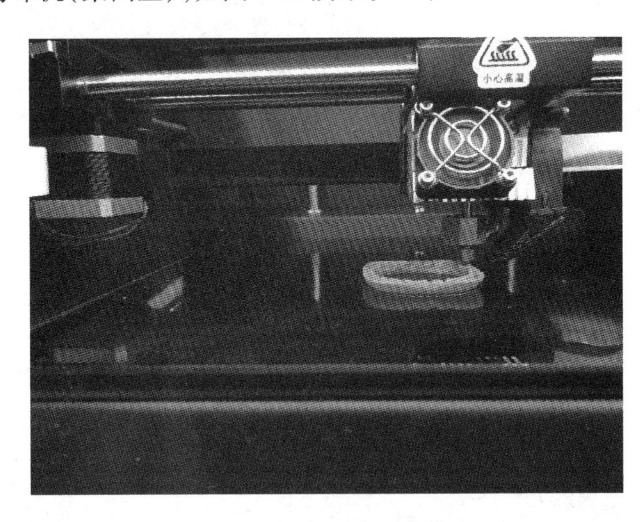

图8-20 宏瑞z300 3D打印机

3.5 实验步骤及内容

①首先利用三维软件设计出所需零件的三维模型，并按照通用的格式存储（STL文件）。
②根据3D打印设备的要求进行调整。
③由成形机成形一系列层片并自动将它们连接起来，得到一个三维物理实体。
④小心取出原型，去除支撑，避免破坏零件。用砂纸打磨台阶效应比较明显处。

3.6 实验报告

①利用三维软件设计出零件三维模型，如图8-21所示。
②利用3D打印机打印出三维物理实体，如图8-22所示。

3.7 3D打印发展趋势

目前3D打印尚未出现大规模的市场应用，它制约大规模产业化的原因在于打印速度较慢，成本相对较高。目前3D打印技术更多应用于航空航天、医疗领域。

3D打印关键技术突破将主要集中在精度、效率、材料三个方面。目前全球已经发展至金

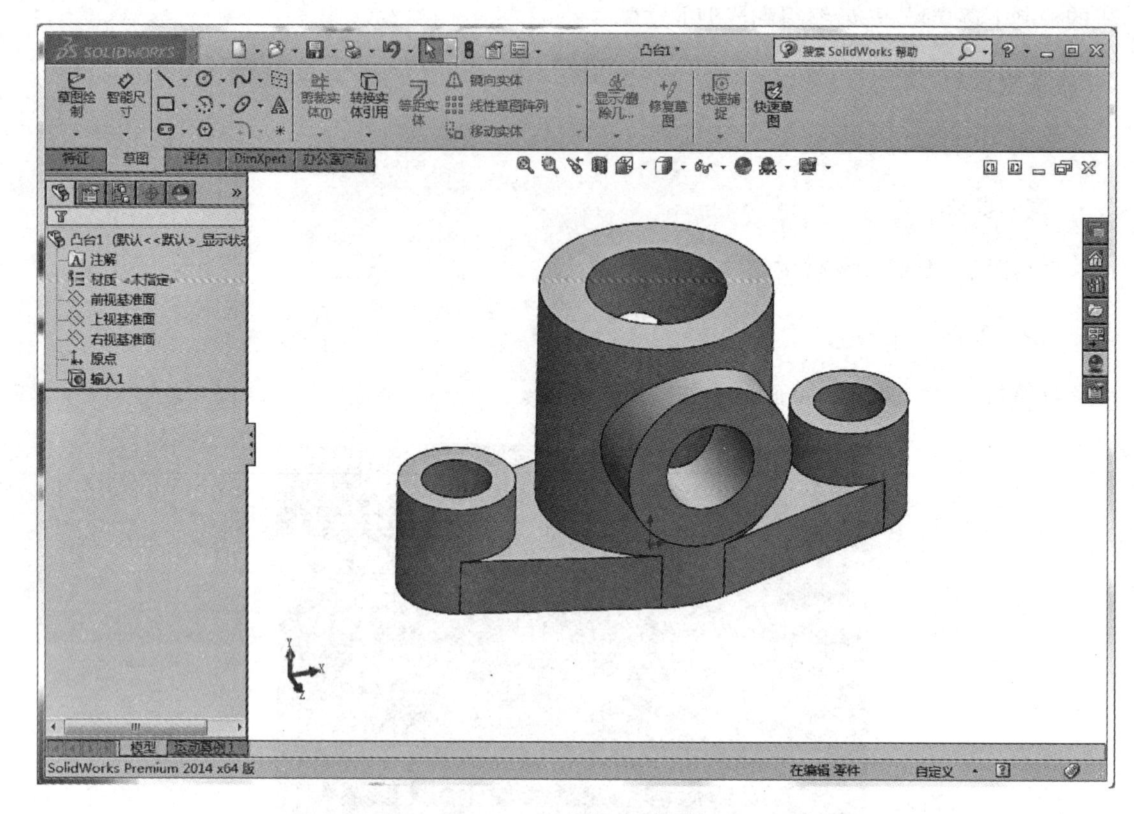

图 8-21　零件的三维模型

图 8-22　打印的三维物理实体

属 3D 打印、高分子 3D 打印、陶瓷 3D 打印以及生物 3D 打印技术。3D 打印行业发展趋势主要集中在自动化、互联网 + 、批量化生产等,3D 打印材料更加多样化。

3.8　4D 打印

4D 打印比 3D 打印多了一个“D”,即时间维度。4D 打印技术使用的打印材料是一种变形材料,人们可以通过软件设定模型和时间,变形材料会在设定的时间内变形为所需的形状。这项技术主要由美国麻省理工学院的自组装实验和 Stratasys 教育研发部门合作研发的,4D 打印技术的概念可以简化为 4D = 3D + 时间。

思考题

1. 搭建慧鱼教具模型时,注意零件的作用和拼装顺序。
2. 细致观察传动机构的传动方式。
3. 观察日常生产生活,思考哪些地方需要采用机器人操作?
4. 目前工程上主要应用的三维测绘技术有哪些?
5. 简述三坐标测量仪的优缺点。
6. 简述三维激光扫描仪的原理。
7. 简述照相式测量仪的原理。
8. 接触与非接触扫描有何不同?
9. 简述常见的四种三维打印成形工艺。
10. 三维打印模型的来源有哪些?
11. 3D 打印具有哪些优势?
12. 3D 打印的发展趋势是什么?
13. 什么是 4D 打印?

第 9 章　工程图学虚拟仿真实验指导

1　工程图学虚拟仿真实验概况

国家级虚拟仿真实验教学项目“面向机械结构创意设计的工程图学虚拟仿真实验”，围绕“工程图学”课程的教学主题，及形象思维和逻辑思维相互补充，并综合运用的课程特点，依托虚拟现实、多媒体人机交互、数据库和网络通信等技术，构建了包括基本立体、组合体及装配体三个渐进式实验模块，通过在计算机的虚拟实验环境中探究学习及交互操作，提供从基础学习到按样例的操作，再到创新设计循序渐进的实验过程，旨在提高学生的形体构型能力、工程图表达能力、机械结构的设计能力。下面对实验访问方式和各实验模块的操作方法作简要介绍。

1.1　实验访问方式

1.1.1　实验网站和登录过程

访问实验空间网站，网址为：http://www. ilab-x. com。

该访问方式将打开国家虚拟仿真实验教学项目共享平台网站，其中的虚拟实验项目是面向社会公众免费开放的，用户可按网站要求自行注册。

在网站上的“机械类”学科分类中搜索名称为“面向机械结构创意设计的工程图学虚拟仿真实验”，搜索结果如图 9-1 所示。参考图 9-2 ~ 9-3 所示的操作，打开如图 9-4 所示的实验平台主界面。

图 9-1　实验访问方式

图 9-2　工程图学虚拟仿真实验网页

跳转提示

您将要离开本站前往其他网站，确认请点击下面的链接。

http://jxxy.tju.owvlab.net/virexp/jqrsj?token=AAABcEzhknEBAAAAAAABh0A%3D.9NHpB8
5YokJZQSUVrYTuZhu4iInn0Y55g7H0QB7o85RvKcXYE0zBMwxXX%2BWyhV0qgFrhuPLTkp
WrudcL92Fo3olbswcljgB7HR%2BdTY9YdYBmDDOTs0XUFqCZUDVyT5yVrlBtsJvPiLJZH1aN
awkhiFE3mqkubnSkS2RDZ5XeScF8xZ9BCg2OydDQD9DiAXq3e01mAn1cPlsuu%2BT4d%2
FxUq2kQMA38IUtv%2BlaxE8ARAPodoSH%2BHWFpMVJ2LANCUf3KCSH0Z%2B2PbNO6b
Zh98VJXyYUwD7CD%2FVqo1JiY4yIGkJtRwI94IIEX7%2Fp%2BFwF0qkqRW1b9xP5gOZcAIn
OQBIE%2F7A%3D%3D.W1c1Djj1M6XXu%2FSIdITMnKr41fmfDMC9muehXX61Sy0%3D

取消

图 9-3　跳转提示

1.1.2　实验平台主界面及功能区介绍

当从实验空间网站跳转后，进入实验平台主界面网页。网页从上至下依次显示个人信息、实验要求、实验操作台和实验报告内容，如图 9-4、9-6、9-7 所示。在实验平台主界面上可进行修改个人信息、查看实验要求、完成实验操作、提交和查看实验结果，以及导出实验报告等操作。

1）修改个人信息

每次重新打开实验平台主界面的网页，都会显示图 9-4 中间的信息小窗口，提示学生应修改和完善个人信息。点击“修改”按钮，打开修改个人信息窗口，如图 9-5 所示。学生可从下拉列表框中，依次选择本人所属的学校、学院、专业、行政班级和逻辑班级，在文本框中输入姓名和学号信息。注意，下拉列表框的选项是管理员在后台创建的，学生应根据任课教师在课堂上的说明选择正确的名称；对访问实验的自由用户，也可不修改个人信息。专业和行政班级是指学生的本专业和班级，而逻辑班级是工程图学系列课程所安排的授课班级，选择逻辑班级后，逻辑班级教师的姓名将会自动显示出来。

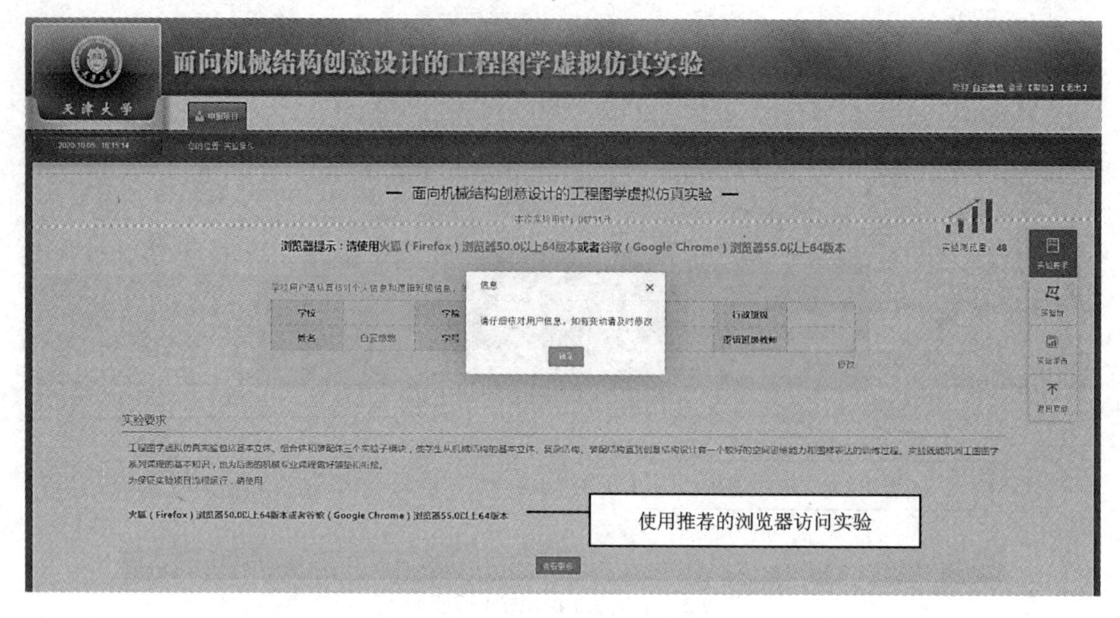

图 9-4　实验平台主界面一

修改个人信息

学校用户请填写个人信息，行政班级为学校为学生编排的班级信息，逻辑班级是根据课程临时组建的上课班级，请按照实际情况填写，以免影响成绩。

学校	天津大学	学院	化工学院
专业	化工大类	行政班级	2019级化工大类1班
姓名	刘云	学号	2019108178
逻辑班级	2019级化工大类1-4班	逻辑班级教师	喻宏波

提交　关闭

图 9-5　修改个人信息窗口

2）查看实验要求

如图 9-4 所示，实验要求的文字下方显示实验程序推荐使用的浏览器及其他相关提示。建议采用实验程序推荐使用的浏览器访问本课程虚仿实验，如火狐（Firefox）浏览器 64 位 50.0 以上版本，或者谷歌（Google Chrome）浏览器 64 位 50.0 以上版本等。

3）实验操作界面

图 9-6 所示为实验操作界面。当使用推荐的浏览器打开实验平台网页后，在实验台的文字下方将自动加载实验程序。各实验模块的具体操作方法，可参考本章的第 2～4 节。

4）更新实验报告或提交实验数据

在实验操作窗口的下方会显示实验报告内容，如图 9-7 所示。当在实验操作界面中完成相关实验模块并上传数据后，可点击图 9-7 上方的“更新实验报告内容”按钮，将实验结果的插图及实验评分结果插入实验报告中。为避免因网络延迟导致丢失所完成的实验操作，可以每完成一个实验子模块，点击一次“更新实验报告内容”按钮，以及时保存实验数据。

实验台1

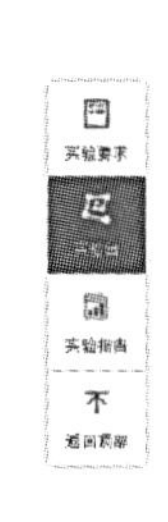

完成实验并上传数据后请点击“更新实验报告”按钮，获取实验报告信息。全部操作完成后请点击页面最下方的“提交”按钮提交整个实验，如不点击此次实验成绩和记录将无法被保存。

图 9-6　实验平台主界面二

当完成所有实验操作后,应点击图 9-7 最下方的“提交”按钮,该按钮除了更新实验报告中的全部内容,包括所修改的个人信息及所完成的实验操作结果,还将虚仿实验的总评分数回传于实验空间网站。

在实验报告中可以看到,已完成的实验模块有实验结果的插图,还有该模块的自动评分结果,即在基本立体、组合体、装配体三个实验模块的评分表格中可以查看实验的完成情况和得分。

5)查看实验记录和导出实验报告

点击图 9-7 最下方的“提交”按钮后,出现实验提交成功提示窗口(图 9-8 所示)。选择“返回实验空间”按钮,则回到图 9-2 所示的实验空间网站上实验页面;选择 “实验记录”按钮,则显示实验记录网页(图 9-9 所示),点击其中的按钮可进行如下操作。

“查看”按钮,打开类似实验平台主界面的网页,但只可查看,不可修改。

“继续实验”按钮,可打开图 9-4、9-6、9-7 所示的实验平台主界面,可修改个人信息和继续操作实验。

“导出报告”按钮,可导出实验报告的压缩文件,解压后可获得以学号和姓名命名的 doc 文档,建议使用 WPS 办公软件打开,以进行编辑和修改(图 9-10 所示)。

“删除”按钮,将所完成的实验操作和数据全部删除且无法恢复,务必谨慎操作。

如需直接查看分数或导出实验报告,也可在图 9-4 左上方直接点击“申报项目”按钮,在打开的网页中选择左侧的实验记录,可进行以上同样操作,如图 9-9 所示。

1.2　实验操作界面首页

按照前面介绍的访问方式,可打开实验操作界面首页,如图 9-11 所示。点击“开始实验”将进入实验模块选择界面,开始做实验。

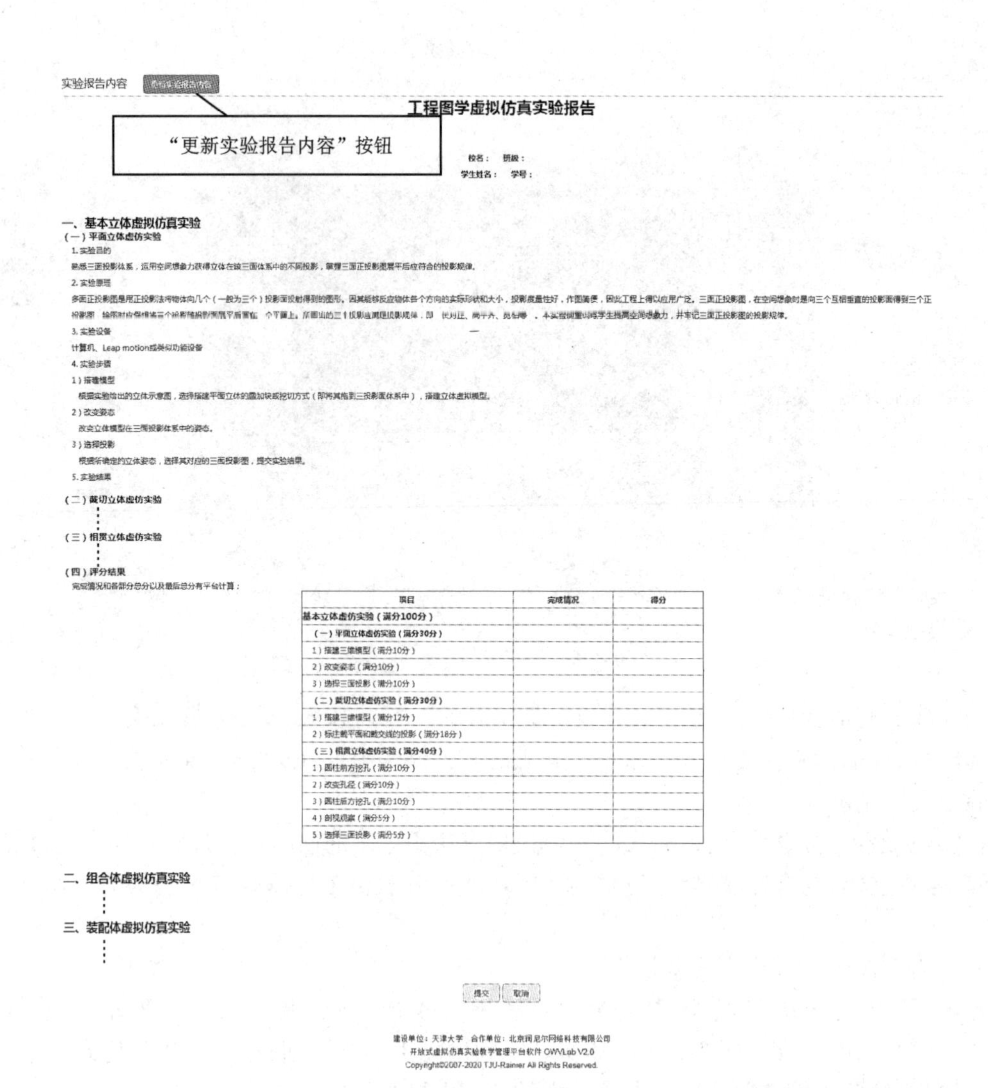
实验报告内容 更新实验报告内容

工程图学虚拟仿真实验报告

校名： 班级：
学生姓名： 学号：

一、基本立体虚拟仿真实验

（一）平面立体虚仿实验

1. 实验目的

熟悉三面投影体系，运用空间想象力获得立体在该三面体系中的不同投影，掌握三面正投影图展平后应符合的投影规律。

2. 实验原理

多面正投影图是用正投影法将物体向几个（一般为三个）投影面投射得到的图形。因其能够反应物体各个方向的实际形状和大小，投影度量性好，作图简便，因此工程上得以应用广泛。三面正投影图，在空间想象时是向三个互相垂直的投影面得到三个正投影图，绘图时应保持这三个投影随投影面展平后画在一个平面上。所画出的三个投影应满足投影规律，即“长对正、高平齐、宽相等”。本实验侧重训练学生提高空间想象力，并牢记三面正投影图的投影规律。

3. 实验设备

计算机、Leap motion或类似功能设备

4. 实验步骤

1）搭建模型

根据实验给出的立体示意图，选择搭建平面立体的叠加块或挖切方式（即将其拖到三投影面体系中），搭建立体虚拟模型。

2）改变姿态

改变立体模型在三面投影体系中的姿态。

3）选择投影

根据所确定的立体姿态，选择其对应的三面投影图，提交实验结果。

5. 实验结果

（二）截切立体虚仿实验

⋮

（三）相贯立体虚仿实验

⋮

（四）评分结果

完成情况和各部分总分以及最后总分有平台计算：

项目	完成情况	得分
基本立体虚仿实验（满分100分）		
（一）平面立体虚仿实验（满分30分）		
1）搭建三维模型（满分10分）		
2）改变姿态（满分10分）		
3）选择三面投影（满分10分）		
（二）截切立体虚仿实验（满分30分）		
1）搭建三维模型（满分12分）		
2）标注截平面和截交线的投影（满分18分）		
（三）相贯立体虚仿实验（满分40分）		
1）圆柱前方挖孔（满分10分）		
2）改变孔径（满分10分）		
3）圆柱后方挖孔（满分10分）		
4）剖视观察（满分5分）		
5）选择三面投影（满分5分）		

二、组合体虚拟仿真实验

⋮

三、装配体虚拟仿真实验

⋮

提交 取消

建设单位：天津大学 合作单位：北京润尼尔网络科技有限公司
开放式虚拟仿真实验教学管理平台软件 OWVLab V2.0
Copyright©2007-2020 TJU-Rainier All Rights Reserved.

图 9-7 实验平台主界面三

图 9-8 实验提交成功提示窗口

图 9-9　实验记录网页

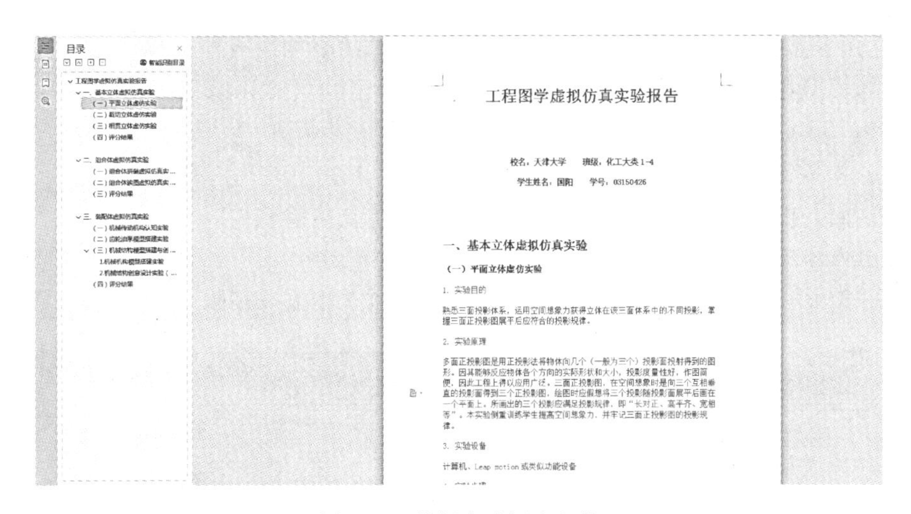

图 9-10　编辑实验报告文档

图 9-11　实验操作界面首页

2 基本立体虚拟仿真实验

基本立体虚拟仿真实验共包括平面立体、截切立体及相贯立体三个虚拟仿真实验模块。

2.1 平面立体虚拟仿真实验

2.1.1 实验目的

熟悉正投影法的三投影面体系，及获得立体三面正投影图的投射方法，正确理解三面正投影图展平后应符合的投影规律。

2.1.2 实验要求

根据已知平面立体三维示意图，选择搭建平面立体的叠加块或挖切方式，搭建立体虚拟模型；改变立体模型在三投影面体系中的姿态；根据所确定的立体姿态，正确选择其对应的三面投影图。

2.1.3 实验工具

计算机、面向机械结构创意设计的工程图学虚拟仿真实验软件。

2.1.4 实验内容及步骤

①图 9-12 所示的实验模块选择界面中，点击“平面立体虚拟实验”按钮，进入实验模块。

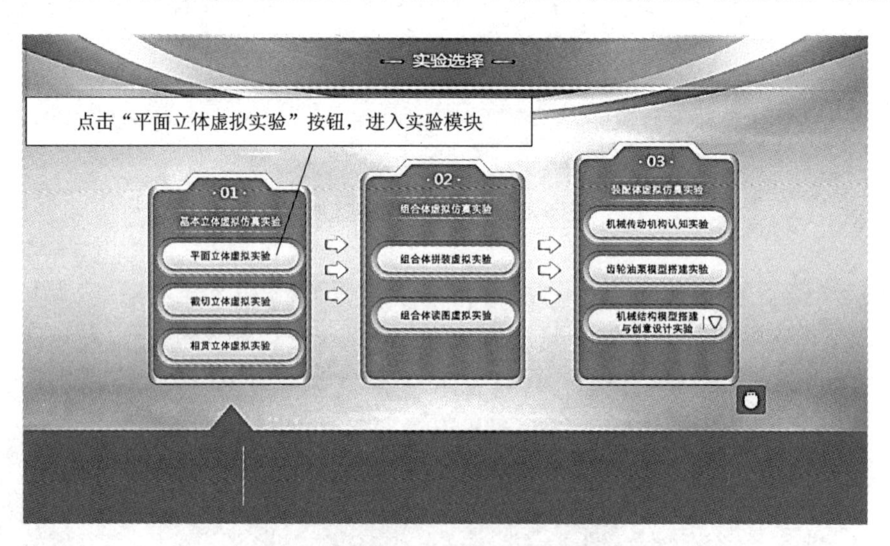

图 9-12 基本立体实验模块选择界面

②进入该实验模块后，首先显示如图 9-13 所示的“操作帮助”窗口，其中包括在虚拟环境中完成该实验的鼠标操作和按钮功能说明，熟悉这些操作方式后，关闭窗口。应注意，其他实验模块也有类似的操作帮助，但具体内容会因实验不同而有所差异。

③关闭“操作帮助”窗口后，会看到“实验任务”窗口，其中可查看已知的立体三维示意图和具体任务要求。平面立体虚拟仿真实验任务主要包括：搭建模型、改变姿态及选择三面投影图三个步骤，如图 9-14 所示。

实验过程中如需查看实验任务，可点击画面左侧的“实验任务”按钮，打开任务窗口。

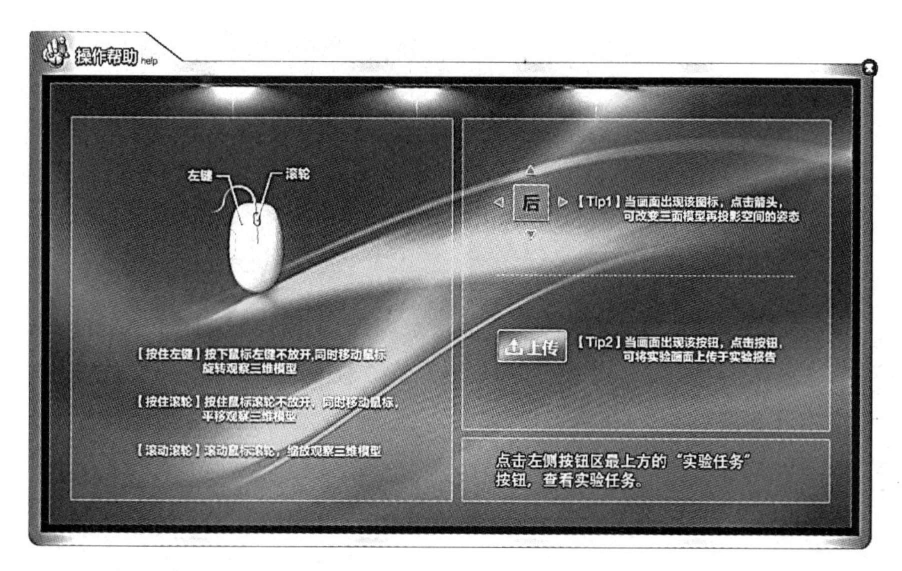

图 9-13　操作帮助窗口

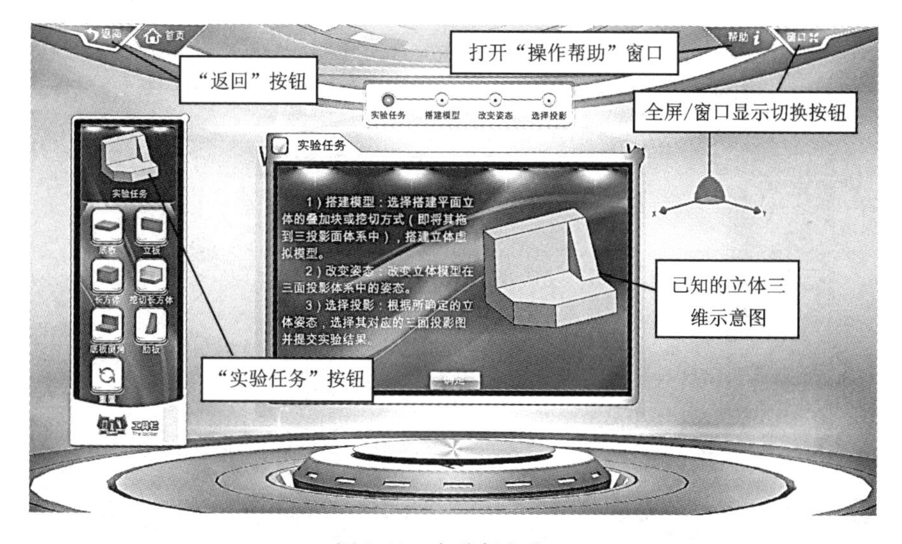

图 9-14　实验任务窗口

(2)搭建平面立体三维模型

如图 9-15 所示,根据实验任务中给出的立体三维示意图,从左侧按钮区选择合适的单元模块按钮(按住鼠标左键不放开,移动鼠标),将其拖动到右侧的三投影面空间中,搭建立体三维模型。如果拖动的按钮不符合正确搭建顺序,系统会出现"不正确的搭建方式"的错误提示,如图 9-16 所示。

(3)改变立体三维模型的空间姿态

正确搭建完立体三维模型后,画面右侧会自动出现一个新按钮,点击按钮四周不同方向的三角形,可改变立体在三投影面体系中的姿态,观察并熟悉三个投影图随之产生的变化,如图 9-17 所示。

注意:如果上一步骤,三维模型没有搭建完或者搭建错误,图 9-17 右侧的三角形方向按钮

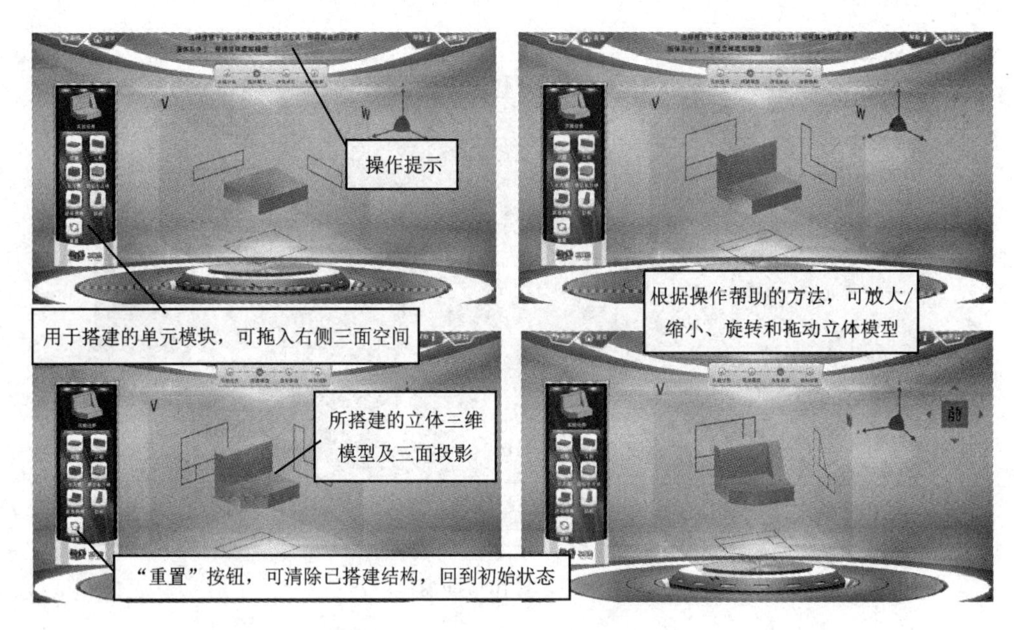

图 9-15　搭建平面立体三维模型

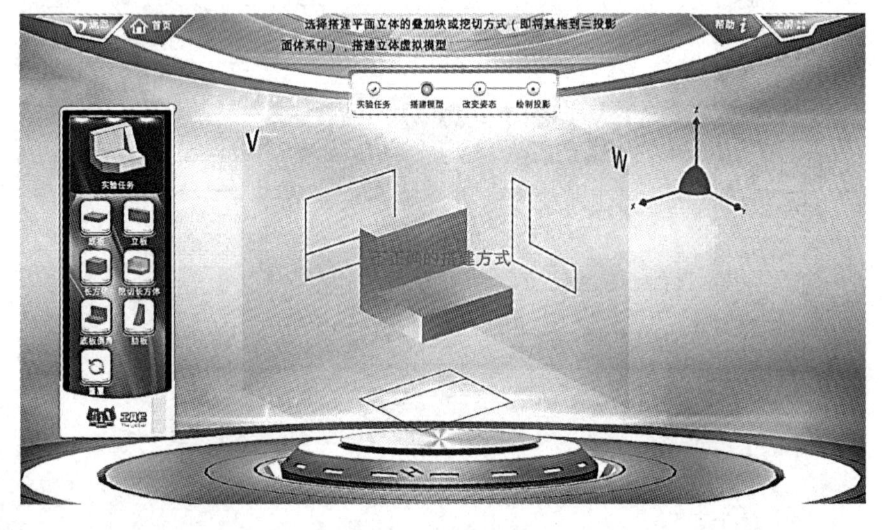

图 9-16　错误提示窗口

不会出现；或者说，当方向按钮自动显示出来，则表明三维模型已经搭建正确。

(4)选择正确的三面投影图

单击“点击进入答题”按钮后，出现三面投影图选择窗口。根据前面搭建的立体三维模型和空间姿态，正确选择所对应的三面投影图，并“上传”实验结果，如图 9-18 所示。应注意，只有在上一步骤中，点击了图 9-17 右侧的三角形方向按钮，改变立体姿态之后，才会出现“点击进入答题”按钮。

应特别注意：点击“上传”按钮，只是将实验结果暂时保存起来。为正确提交实验结果并将其存入实验报告，可在图 9-7 所示的实验平台主界面上，点击“更新实验报告内容”按钮以

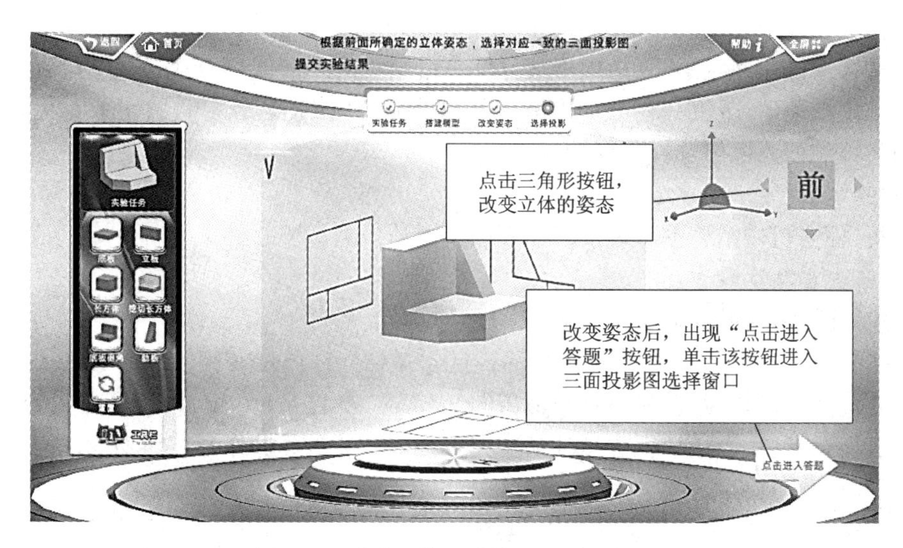

图 9-17　改变立体三维模型的空间姿态

更新实验报告中的实验结果插图和评分结果，也可点击“提交”按钮，则更新实验报告中的所有信息，并向实验空间网站回传成绩。

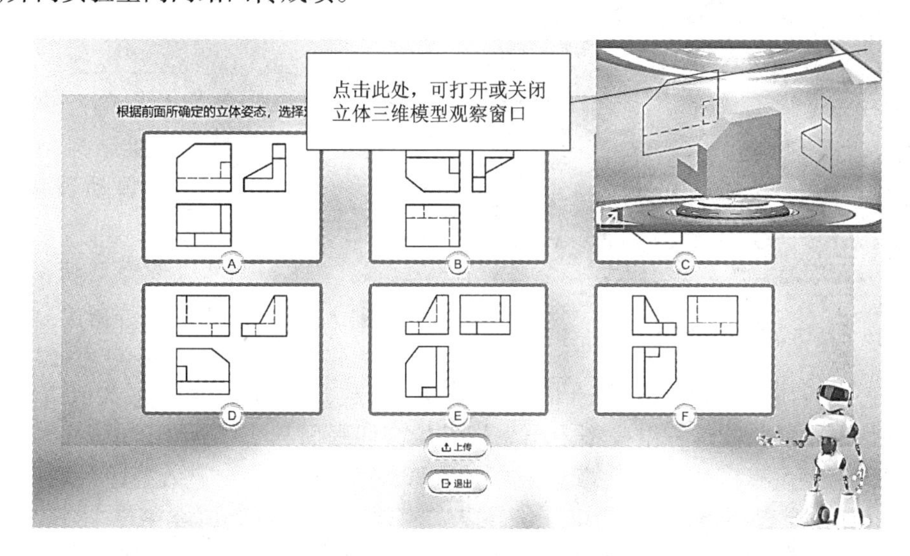

图 9-18　选择正确的三面投影图

(5)返回实验模块选择界面

完成三面投影图选择后，点“退出”按钮可返回三维模型搭建界面。如点击三维界面左上角的“返回”按钮，则可回到图 9-12 所示的实验模块选择界面继续完成其他实验模块。

2.2　截切立体虚拟仿真实验

2.2.1　实验目的

针对带截切结构的立体，熟悉基本立体经截切变化而形成新结构的过程，以及立体三面投影的变化；熟练运用各种位置平面和直线的投影特性，正确分析截平面和交线的三面投影。

2.2.2 实验要求

已知截切立体三面投影图，想象形成立体三维结构的不同截切方式；依次选择截切平面搭建立体三维虚拟模型，观察其在三个投影面上的投影变化；根据指定的截切平面及交线，在三面投影图窗口的列表框中选择正确的投影标示字母。

2.2.3 实验工具

计算机、面向机械结构创意设计的工程图学虚拟仿真实验软件。

2.2.4 实验内容及步骤

(1)进入截切立体虚拟仿真实验模块

①在图 9-12 所示的实验模块选择界面，点击“截切立体虚拟实验”按钮，进入实验模块。

②进入该实验模块后，首先显示类似于图 9-13 的“操作帮助”窗口，但具体内容因实验模块不同而有所差异，其中包括在虚拟环境中完成该实验的鼠标操作和按钮功能说明，熟悉这些操作方式后，可关闭窗口。

③接下来，会看到“实验任务”窗口，其中可以查看已知的立体三面投影图，及实验任务要求。实验任务主要包括搭建模型和标注三面投影的字母两个步骤。

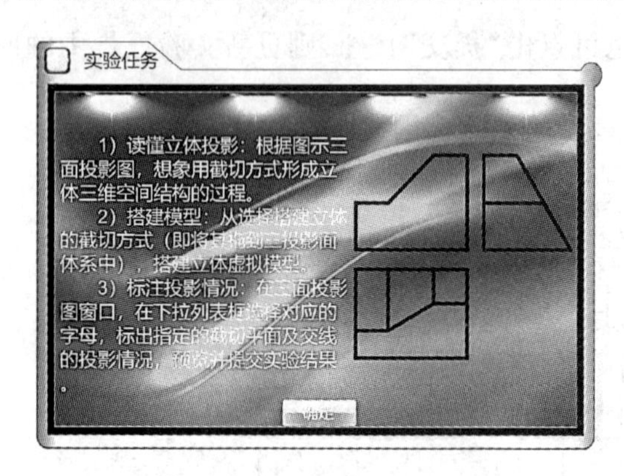

图 9-19　截切立体虚拟仿真实验任务窗口

实验过程中如需查看实验任务，可点击“实验任务”按钮并打开任务窗口，如图 9-19 所示。

(2)搭建截切立体三维模型

根据实验任务中给出的立体三面投影图，看懂并想出立体的三维结构，从左侧按钮区选择合适的按钮，将其拖动到三投影面空间，搭建三维立体模型。

操作过程中，可以选择截切平面的不同搭建顺序，并注意观察和理解立体三维结构变化及随之出现三面投影的变化。如果拖动的按钮不符合正确搭建顺序，则系统会出现“不正确的搭建方式”的错误提示，类似图 9-16 所示。

当正确完成搭建，立体三维模型上出现指定的截切平面和交线标识，如图 9-20 所示。注意：如果三维模型没有搭建完或者搭建错误，图 9-20 右下角的“点击进入答题”按钮不会出现；

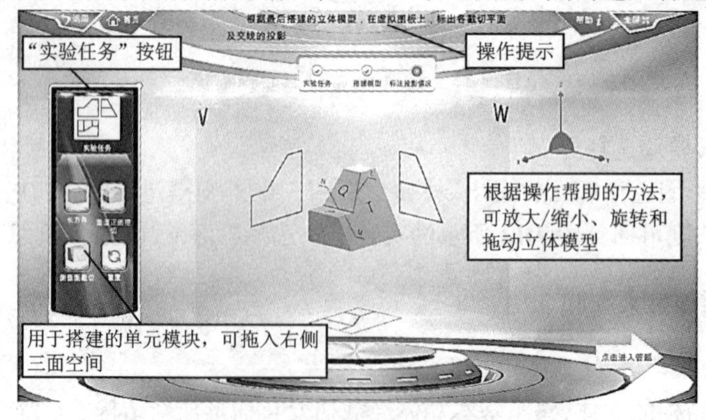

图 9-20　搭建截切立体三维模型

或者说，当答题按钮自动显示出来，则表明三维模型已经搭建正确。

(3)标注指定线、面三面投影标识字母

点击答题按钮后进入三面投影图窗口。单击指引线上方位置，会弹出字母列表框，选择各截切单面和交线对应的投影字母，如图 9-21 所示。需要注意的是，可选择多个字母以表示不同线面的重合投影。完成后“上传”实验结果。

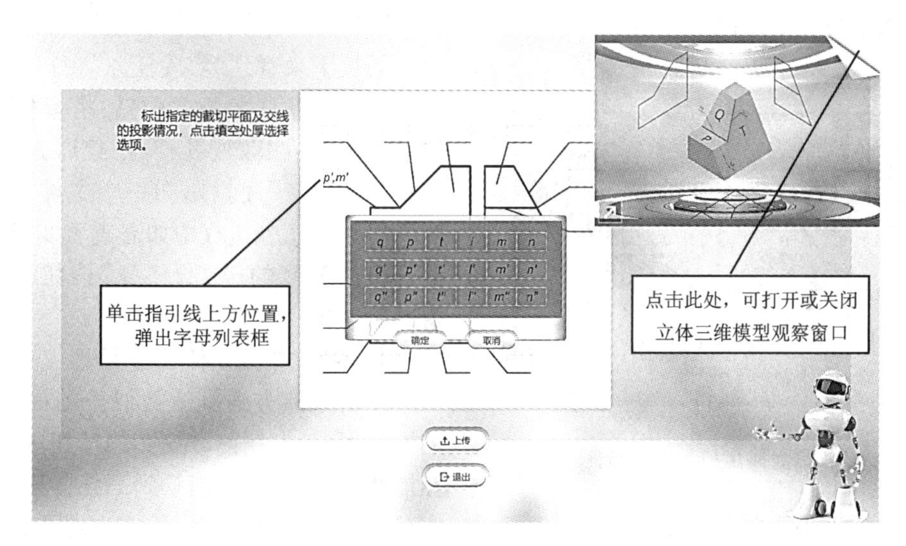

图 9-21　标注截切立体三维投影字母标识

应特别注意：点击“上传”按钮，只是将实验结果暂时保存起来。为正确提交实验结果并将其存入实验报告，可在图 9-7 所示的实验平台主界面上，点击“更新实验报告内容”按钮以更新实验报告中的实验结果插图和评分结果，也可点击“提交”按钮，则更新实验报告中的所有信息，并向实验空间网站回传成绩。

(4)返回实验模块选择界面

完成投影字母填写后，点“退出”按钮返回三维模型搭建界面，如点击三维界面左上角的“返回”按钮，则可回到图 9-12 所示的实验模块选择界面，继续完成其他实验模块。

2.3　相贯立体虚拟仿真实验

2.3.1　实验目的

熟悉空心圆柱上常见挖切孔结构，以及当孔的形状和大小变化时相贯线形状和三面投影的变化；熟练掌握常见孔的相贯线投影规律及作图方法。

2.3.2　实验要求

已知铅垂空心圆柱，选择前方相贯通孔的形状，搭建相贯立体虚拟模型；改变孔的大小，观察立体相贯结构及其三面投影的变化；在已知圆柱的后方构建另一相贯孔；以平行于基本投影面的平面剖切立体模型，观察假想剖切的立体结构。根据所搭建的相贯立体结构，在三面投影窗口选择正确的三面投影图。

2.3.3　实验工具

计算机、面向机械结构创意设计的工程图学虚拟仿真实验软件。

2.3.4 实验内容及步骤

(1)进入相贯立体虚拟仿真实验模块

①在图9-12所示的实验模块选择界面,点击“相贯立体虚拟实验”按钮,进入实验模块。

②进入该实验模块后,首先显示类似于图9-13的“操作帮助”窗口,但具体内容因实验模块不同而有所差异,其中包括在虚拟环境中完成该实验的鼠标操作和按钮功能说明,熟悉这些操作方式后,可关闭窗口。

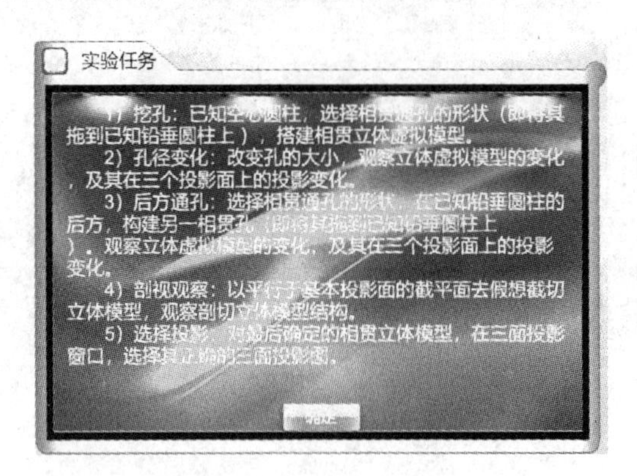

图9-22 相贯立体虚拟仿真实验任务窗口

③接下来看到“实验任务”窗口,相贯立体虚拟仿真实验任务主要包括:搭建模型(包括搭建前方通孔、改变孔径、搭建后方通孔)、剖切观察、选择三面投影图三个主要步骤,如图9-22所示。实验过程中如需查看实验任务,可点击窗口左侧的“实验任务”按钮,打开任务窗口。

(2)搭建相贯立体三维模型

①搭建前方通孔。类似于前面实验模块的操作,可从左侧前方挖孔的按钮区选择常见孔形状的按钮,将其拖动到三投影面空间的已知空心圆柱上,搭建前方通孔,如图9-23所示。实验中共包含五种常见的前方通孔,如图9-24所示。

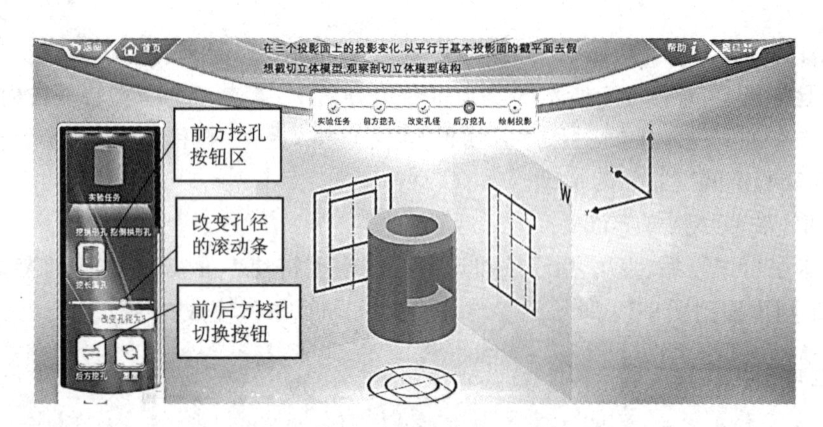

图9-23 前方挖孔和改变孔径

②改变孔径。拖动改变孔径的滚动条,观察和熟悉随之产生的相贯立体上相贯线形状及其三面投影的变化,如图9-23所示。

③后方挖孔。点击“后方挖孔”按钮,左侧按钮显示后方挖孔的按钮区,选择不同形状的后方挖孔按钮,将其拖动到三投影面空间的已知空心圆柱上,观察和熟悉随之产生的相贯立体上相贯线形状及其三面投影的变化,如图9-25所示。

(3)剖切观察内部结构

单击实验窗口右上角的坐标平面位置,立体模型被显示为假想剖切结构,可更清楚地观察剖切后的三维立体内部结构,如图9-25所示。右键点击坐标平面,则退出剖切显示状态。

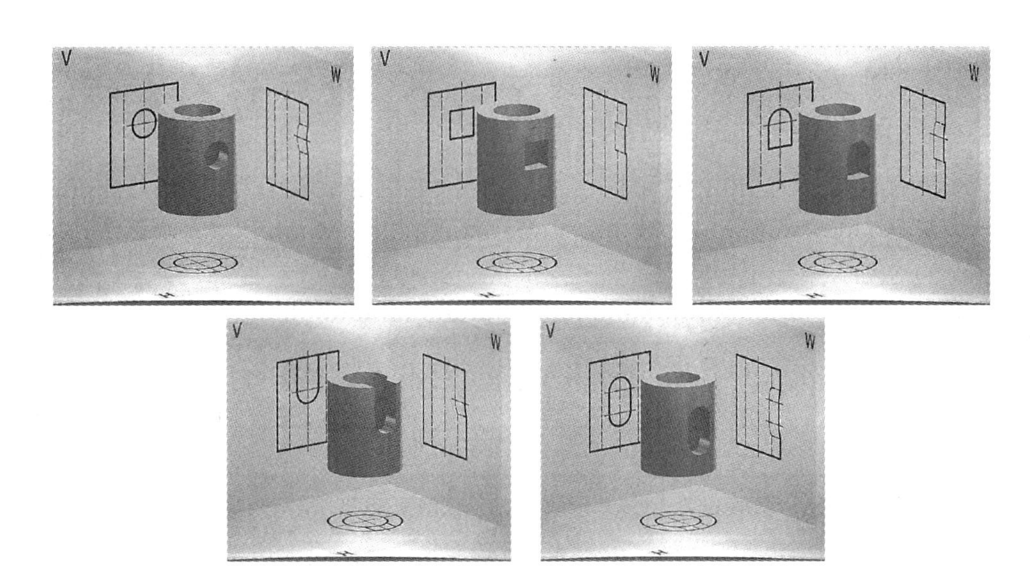

图 9-24　前方通孔的五种形状

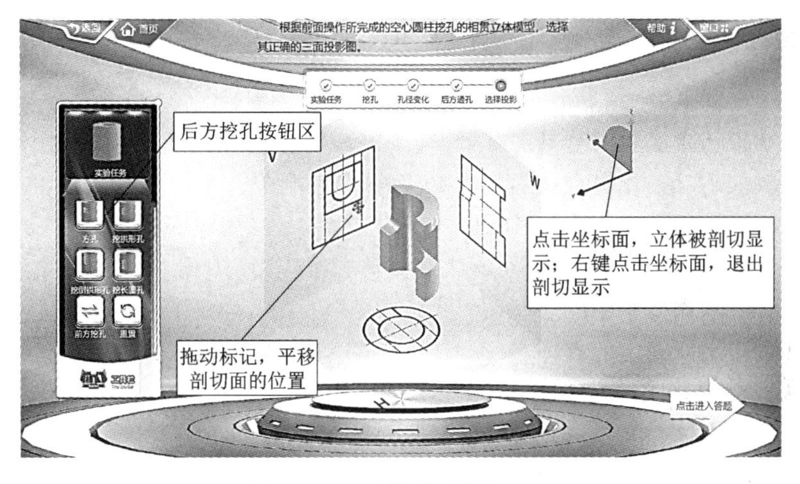

图 9-25　后方挖孔及剖切观察

（4）选择正确的三面投影图

当完成前方挖孔和后方挖孔的操作后，画面右下角自动出现“点击进入答题”按钮，单击按钮进入三面投影图选择窗口。根据前面搭建的相贯立体三维模型，正确选择所对应的三面投影图，并“上传”实验结果，如图 9-26 所示。

应特别注意：点击“上传”按钮，只是将实验结果暂时保存起来。为正确提交实验结果并将其存入实验报告，可在图 9-7 所示的实验平台主界面上，点击 “更新实验报告内容”按钮以更新实验报告中的实验结果插图和评分结果，也可点击“提交”按钮，则更新实验报告中的所有信息，并向实验空间网站回传成绩。

（5）返回实验模块选择界面

完成三面投影图选择后，点“退出”按钮返回三维模型搭建界面，如点击三维界面左上角的“返回”按钮，则可回到图 9-12 所示的实验模块选择界面，继续完成其他实验模块。

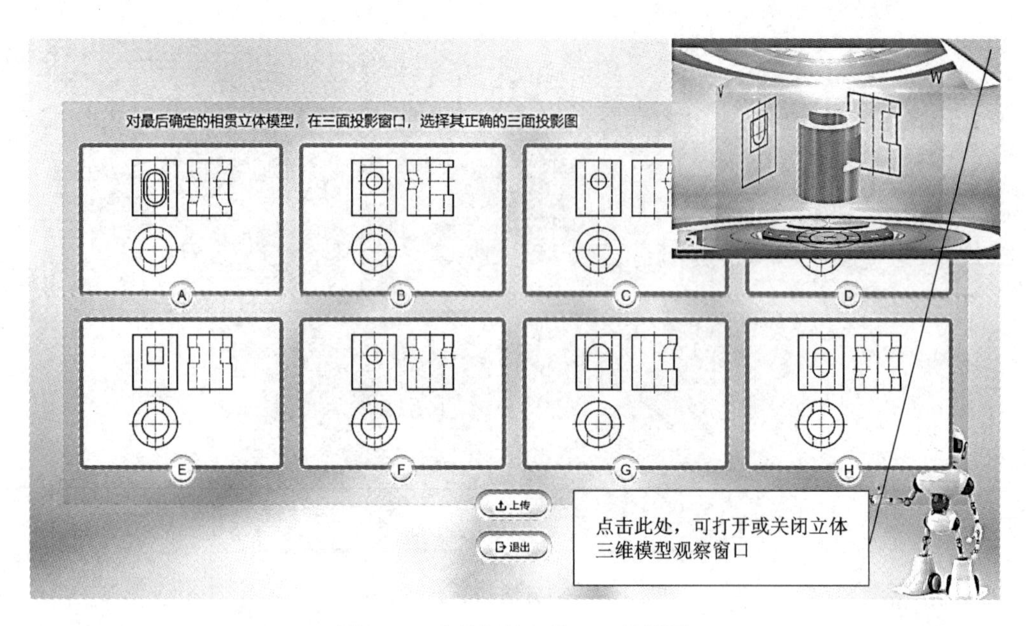

图 9-26　选择相贯立体三面投影图

2.4　实验评分

基本立体虚拟仿真实验满分共 100 分，其中平面立体虚拟仿真实验模块 30 分，截切立体虚拟仿真实验模块 30 分，相贯立体虚拟仿真实验模块 40 分。

(1)平面立体虚拟仿真实验(满分 30 分)

①根据已知的立体三维示意图，正确搭建立体三维模型(10 分)；

②改变立体在三面体系中的姿态(10 分)；

③根据前面步骤所确定的立体在三面体系中的姿态，选择其正确的三面投影图(10 分)。

(2)截切立体虚拟仿真实验(满分 30 分)

①根据已知的立体三面投影图，正确搭建立体三维模型(12 分)；

②根据指定的截平面和交线，在三面投影窗口选择其正确的投影标识字母，每个投影字母 1 分，共 18 分。

(3)相贯立体虚拟仿真实验(满分 40 分)

①选择在空心圆柱前方挖切相贯孔的形状：10 分；

②改变前方挖孔的直径：10 分；

③选择空心圆柱后方挖孔的形状：5 分；

④剖切观察：5 分；

⑤根据前面步骤所搭建的相贯立体，选择其正确的三面投影图：10 分。

3 组合体虚拟仿真实验

3.1 组合体拼装实验

3.1.1 实验目的

通过组合体拼装虚拟仿真实验,学会正确理解形体分析法构造组合体,熟练掌握常见组合体结构的形成过程和投影方法。

3.1.2 实验要求

根据选择的组合体模型,学会利用形体分析法,由基本立体模型,拼装成指定的组合体模型,并根据给出的组合体的正面投影图和水平投影图,选择其正确的侧面投影图。

3.1.3 实验工具

计算机、Leap motion 或类似功能设备、面向机械结构创意设计的虚拟仿真实验软件。

3.1.4 实验内容及步骤

(1)进入组合体拼装模块实验

①点击“组合体拼装虚拟实验”按钮,进入组合体拼装虚拟仿真实验,如图 9-27 所示。

图 9-27 组合体拼装实验模块选择界面

②点击图 9-28“确定”按钮,关闭实验任务窗口。

(2)拼装组合体

①如图 9-29 所示,根据操作提示,点击图标,选择组合体模型。

②如图 9-30 所示,依据要搭建的组合体模型,通过按钮图标,分别选择正确的底板、圆柱、肋板和顶板模型,将其拖到三投影面体系中,搭建组合体虚拟模型。

③按住鼠标中键,观察模型;上下滑动鼠标中键,放大或缩小模型。点击“leapmotion 手势识别”按钮,下载 leapmotion 手势安装程序,可选择用 leapmotion 设备拼装和剖切模型,如图 9-31 所示。

(3)剖切组合体

①在搭建的三维组合体模型上分别用平行于 V、H、W 面的剖切面假想剖开组合体,如图 9-32 所示。

图 9-28　组合体拼装实验任务窗口

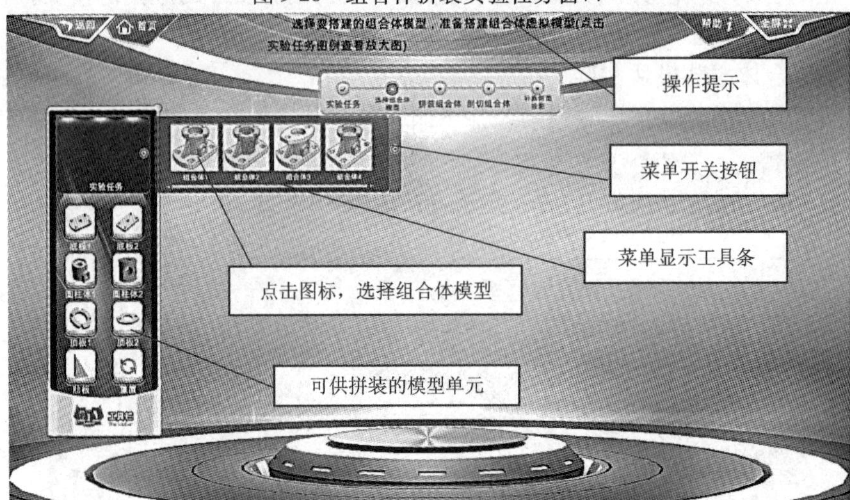

图 9-29　组合体拼装实验模型搭建界面 1

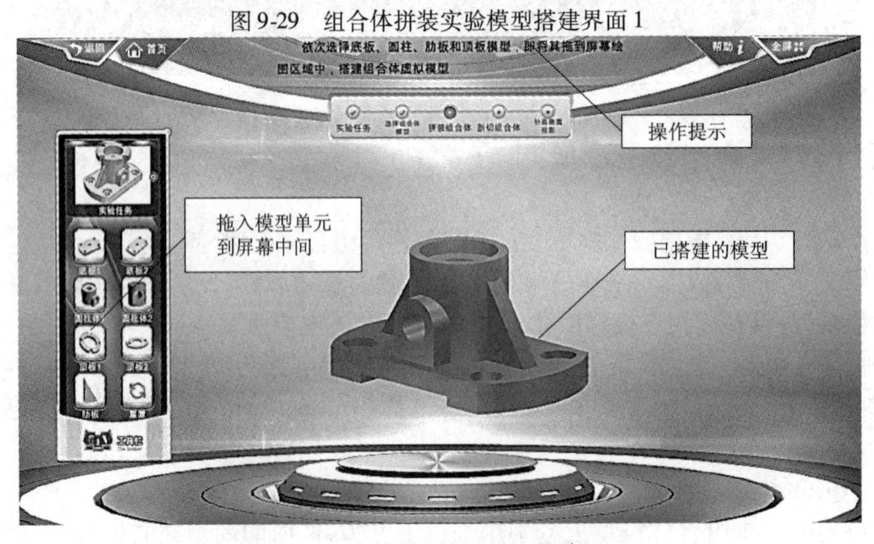

图 9-30　组合体拼装实验模型搭建界面 2

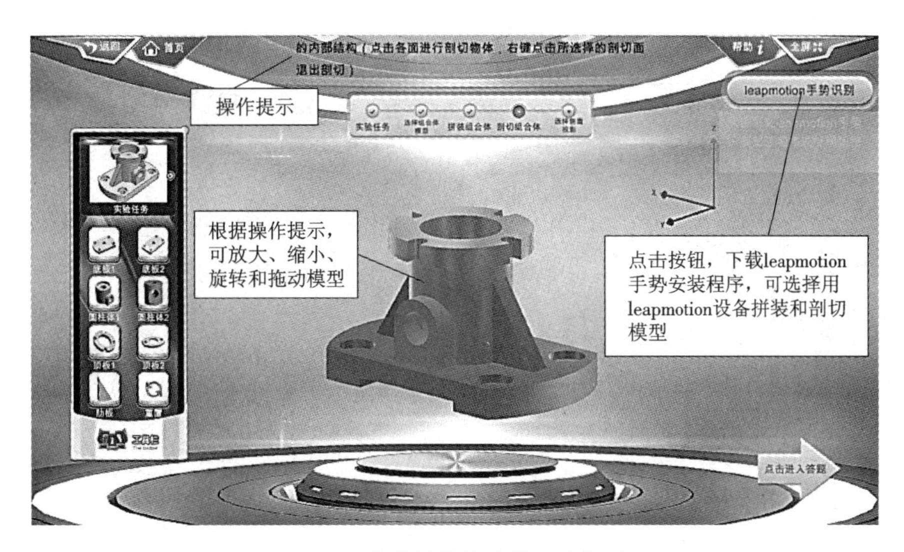

图 9-31　组合体拼装实验模型操作界面 3

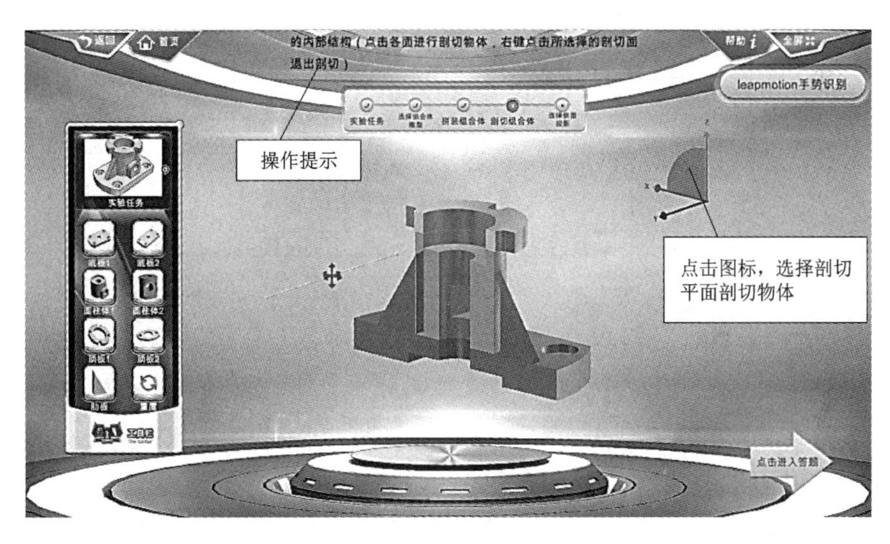

图 9-32　组合体拼装实验模型剖切界面 1

②拖动标记，平移剖切面的位置，观察、比较在不同位置剖切后的组合体的内部结构，如图 9-33 所示。剖切面可以通过鼠标点击按钮改变，也可用 leap motion 输入手势改变。

③右键点击剖切平面，退出剖切。

(4)选择侧面投影图

①如图 9-33 所示，点击“点击进入答题”按钮，进入答题界面，如图 9-34 所示。

②根据搭建的组合体已知的正面投影图和水平投影图，选择正确的侧面投影图。

③点击“上传”按钮，将实验结果暂时保存起来。为正确提交实验结果并将其存入实验报告，可在图 9-7 所示的实验平台主界面上，点击“更新实验报告内容”按钮以更新实验报告中的实验结果插图和评分结果，也可点击“提交”按钮，则更新实验报告中的所有信息，并向实验空间网站回传成绩。

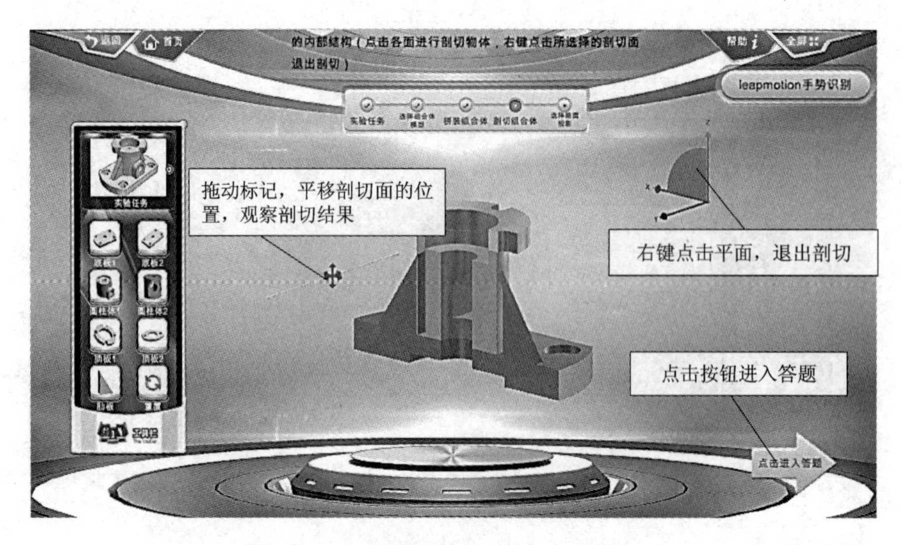

图 9-33　组合体拼装实验模型剖切界面 2

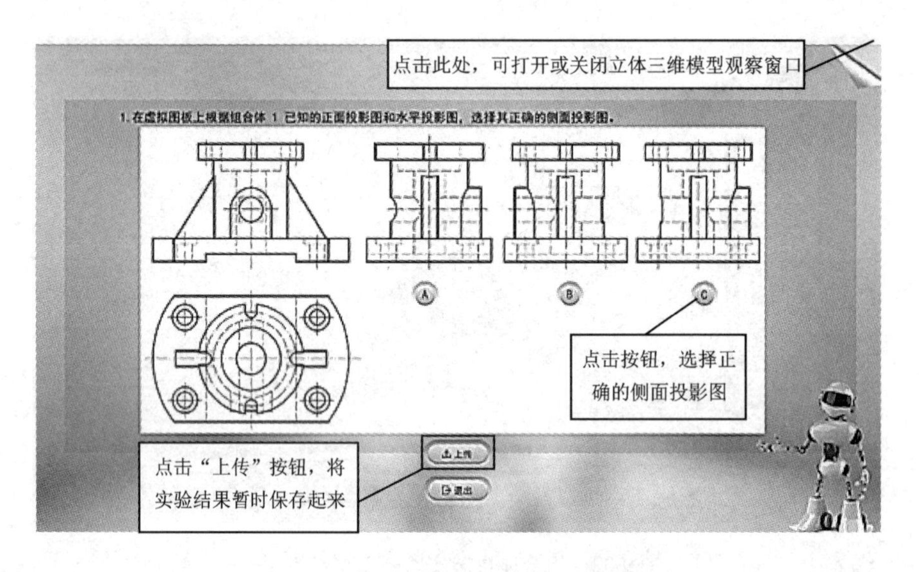

图 9-34　组合体拼装实验答题界面

3.2　组合体读图实验

3.2.1　实验目的

通过组合体拼装虚拟仿真实验，学会正确理解形体分析法构造组合体，熟练掌握常见组合体结构的形成过程和投影方法。

3.2.2　实验要求

根据给出的组合体半剖视的主视图和俯视图，想象立体的空间结构，学会利用形体分析法，由基本立体模型拼装成指定的组合体模型，通过剖视观察组合体的内部结构，选择其正确的全剖视的左视图。

3.2.3　实验工具

计算机、Leap motion 或类似功能设备、面向机械结构创意设计的虚拟仿真实验软件。

3.2.4　实验内容及步骤

(1)进入组合体拼装模块实验

①点击“组合体读图虚拟实验”按钮，进入组合体拼装虚拟仿真实验，如图 9-35 所示。

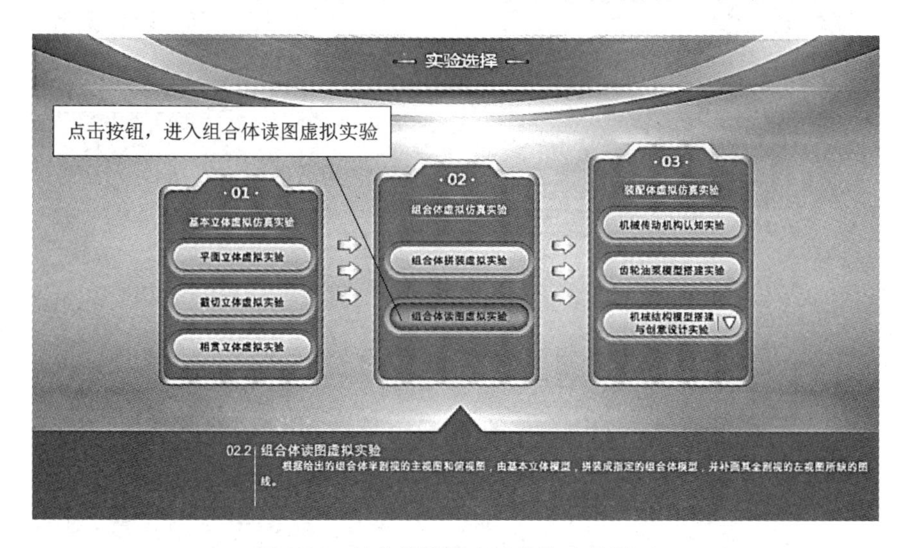

图 9-35　组合体读图实验模块选择界面

②点击如图 9-36 所示“确定”按钮，关闭实验任务窗口。

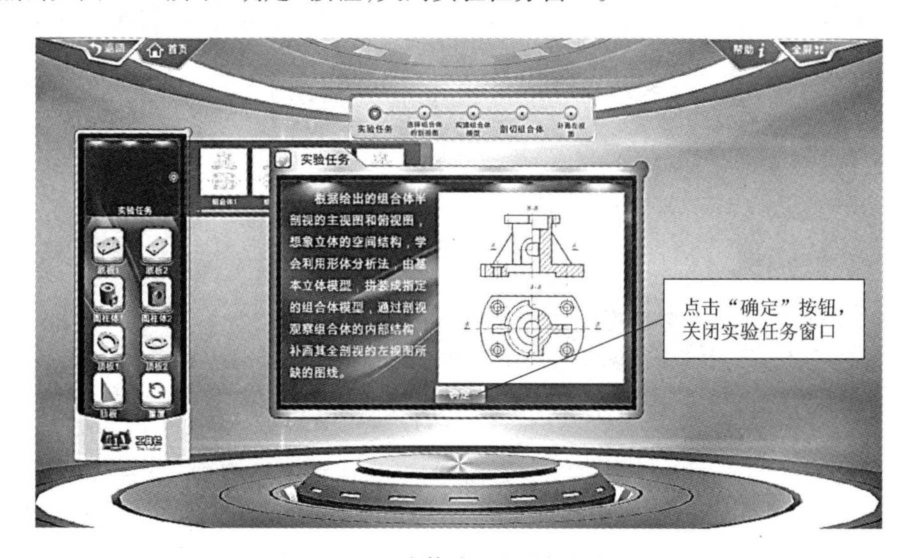

图 9-36　组合体读图实验任务窗口

(2)读图拼装组合体

①如图 9-37 所示，根据操作提示，点击图标，选择半剖视的主、俯视图，想象立体的空间结构。

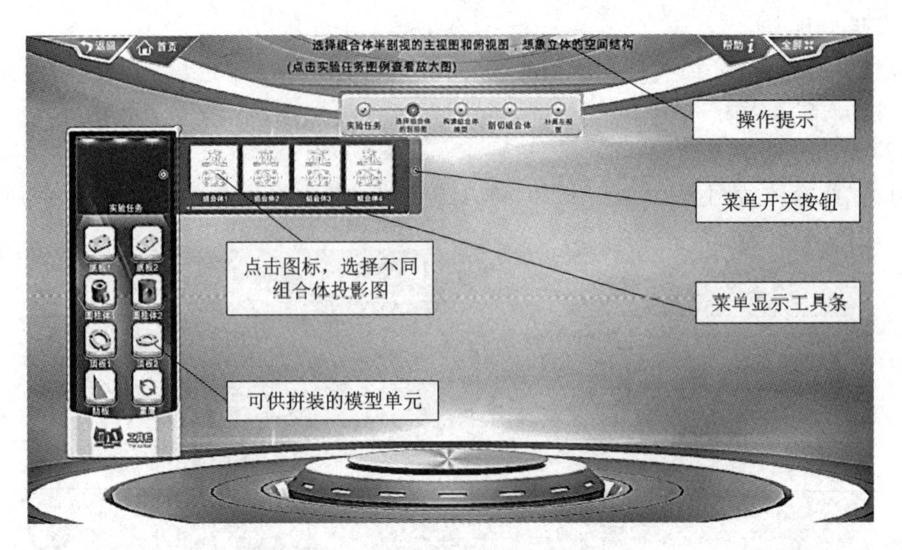

图 9-37　组合体读图实验模型搭建界面 1

②如图 9-38 所示，根据选择的组合体的剖视图，依次选择底板、圆柱、肋板和顶板等基本立体模型，将其拖到三投影面体系中，搭建组合体虚拟模型。

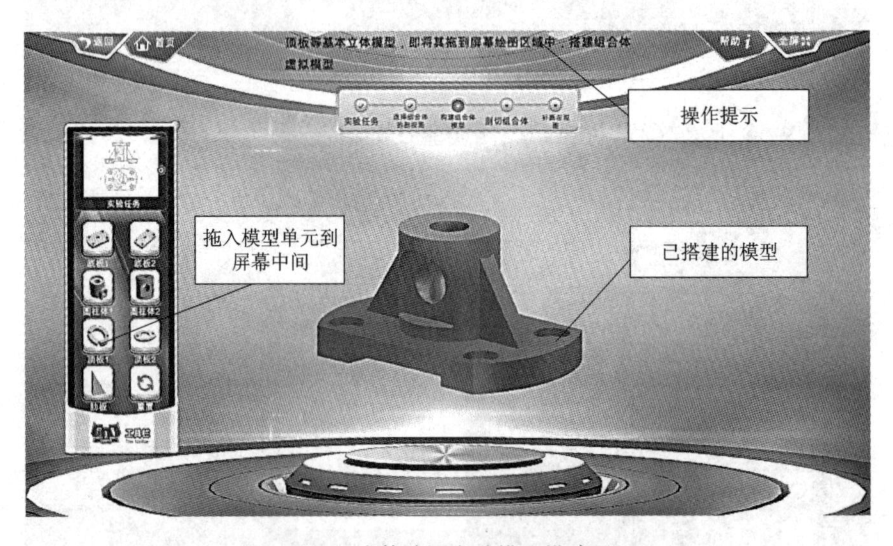

图 9-38　组合体读图实验模型搭建界面 2

③按住鼠标中键，观察模型；上下滑动鼠标中键，放大或缩小模型。点击“leapmotion 手势识别”按钮，下载 leapmotion 手势安装程序，可选择用 leapmotion 设备拼装和剖切模型，如图 9-39 所示。

(3)剖切组合体

①在搭建的三维组合体模型上，分别用平行于 V、H、W 面的剖切面假想剖开组合体，如图 9-40 所示。

②拖动标记，平移剖切面的位置，观察比较在不同位置剖切后的组合体的内部结构，如图 9-41 所示。剖切面可以通过鼠标点击按钮改变，也可用 leap motion 输入手势改变。

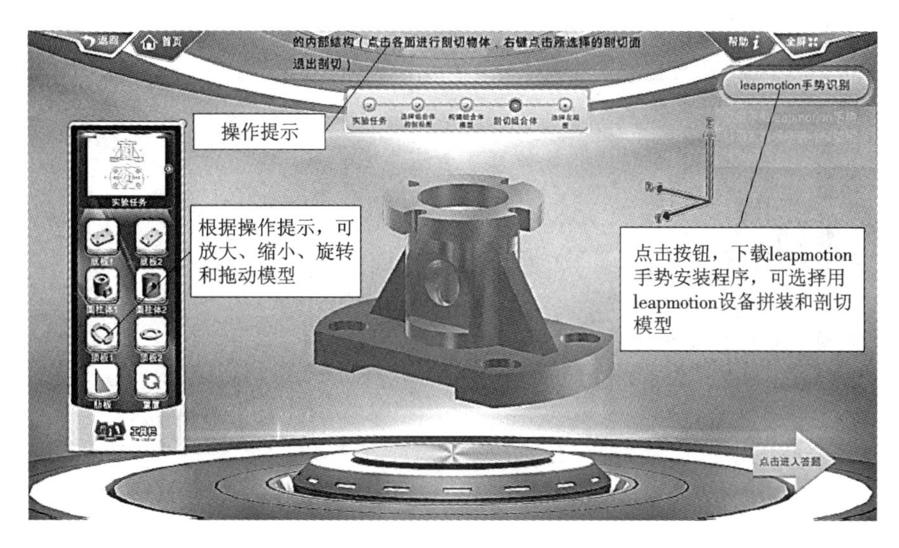

图 9-39　组合体读图实验模型操作界面

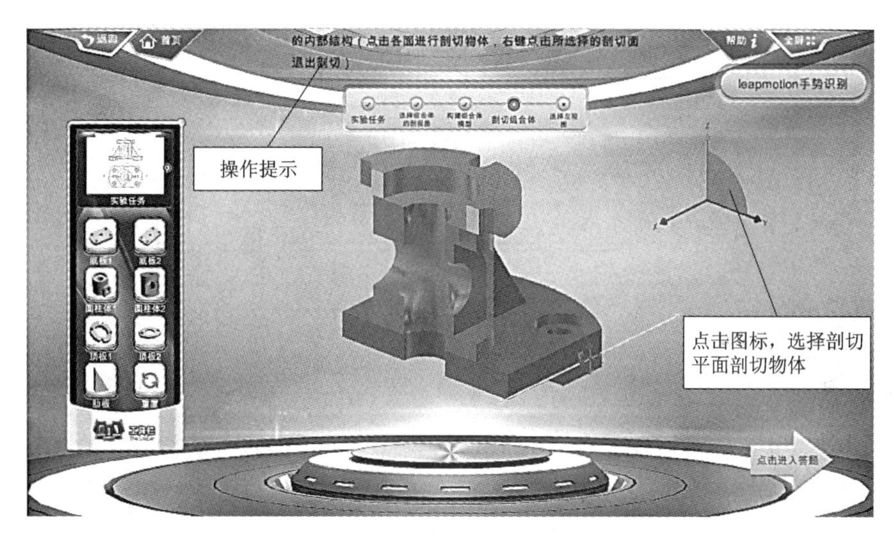

图 9-40　组合体读图实验模型剖切界面 1

③右键点击剖切平面，退出剖切。

(4)选择正确的左视图

①如图 9-41 所示，点击“点击进入答题”按钮，进入答题界面，如图 9-42 所示。

②根据搭建的组合体半剖视的主视图和俯视图，选择其正确的全剖视的左视图。

③点击“上传”按钮，将实验结果暂时保存起来。为正确提交实验结果并将其存入实验报告，可在图 9-7 所示的实验平台主界面上，点击“更新实验报告内容”按钮以更新实验报告中的实验结果插图和评分结果，也可点击“提交”按钮，则更新实验报告中的所有信息，并向实验空间网站回传成绩。

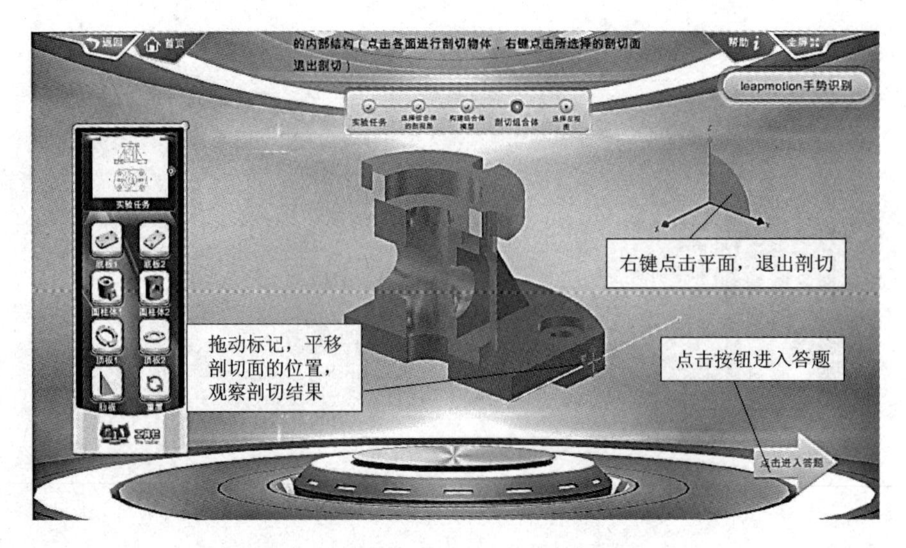

图 9-41　组合体读图实验模型剖切界面 2

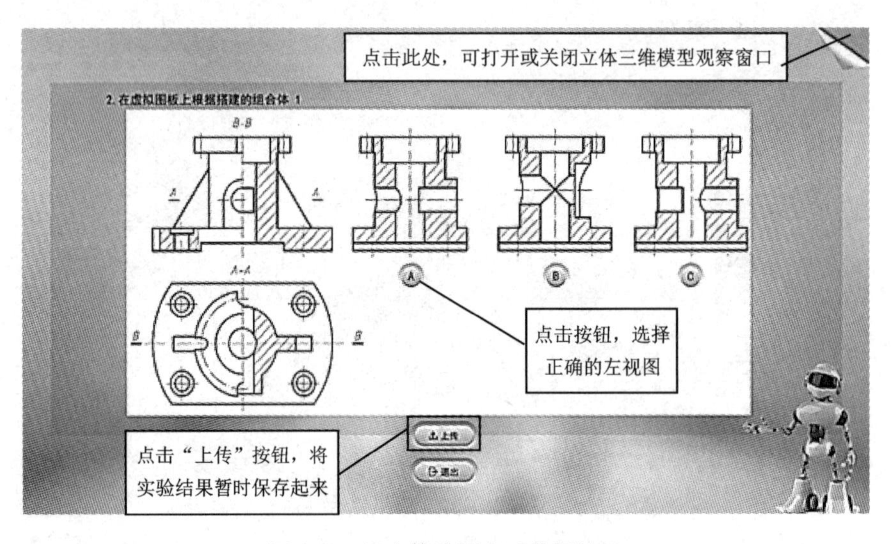

图 9-42　组合体读图实验答题界面

3.3　实验评分

组合体虚拟仿真实验满分共 100 分，其中组合体拼装虚拟仿真实验 50 分，组合体读图虚拟仿真实验 50 分。

(1)组合体拼装虚拟仿真实验(满分 50 分)

①拼装组合体　依次选择底板、圆柱、肋板和顶板模型，将其拖到三投影面体系中，搭建组合体虚拟模型，每个模型 1.25 分，搭建 8 个模型共 10 分。

②选择正确的侧面投影图　根据搭建的组合体已知的正面投影图和水平投影图，选择其正确的侧面投影图，每题 5 分，共 40 分。

(2)组合体拼装虚拟仿真实验(满分50分)

①构建组合体模型。根据选择的组合体的剖视图,依次选择底板、圆柱、肋板和顶板等基本立体模型,即将其拖到三投影面体系中,搭建组合体虚拟模型,每个模型1.25分,搭建8个模型共10分。

②选择正确的左视图。根据搭建的组合体半剖视的主视图和俯视图,选择其正确的全剖视的左视图,每题5分,共40分。

4 装配体虚拟仿真实验

4.1 机械传动机构认知实验

4.1.1 实验目的

熟悉蜗轮蜗杆传动、齿轮齿条传动、螺旋传动等几种常见的机械传动,了解各种机械传动的传动特点和适用场合以及图样表达方法。

4.1.2 实验要求

根据给出的传动机构示意图,搭建机械传动机构模型。通过阅读“机构简介”文字说明和观看视频演示,了解几种常用的传动机构的传动特点和适用场合。通过读图了解传动机构的图样表达方法。

4.1.3 实验工具

计算机、Leap motion或类似功能设备、面向机械结构创意设计的虚拟仿真实验软件。

4.1.4 实验内容及步骤

(1)进入机械传动机构认知实验

①点击“机械传动机构认知实验”按钮,进入机械传动机构认知实验,如图9-43所示。

图9-43 机械传动机构认知实验模块选择界面

②点击图9-44“确定”按钮,关闭实验任务窗口。

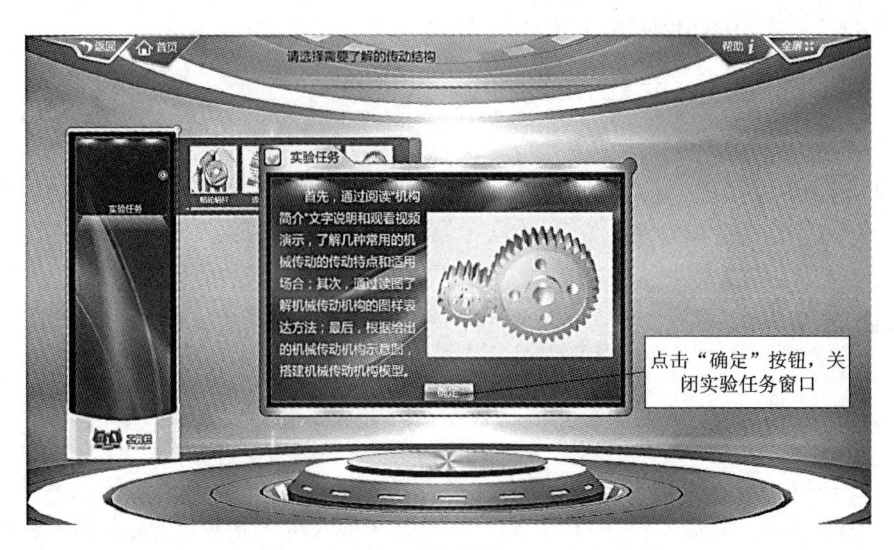

图 9-44　机械传动机构认知实验任务窗口

(2)搭建传动机构模型

①如图 9-45 所示，根据操作提示，点击图标，选择传动机构模型。

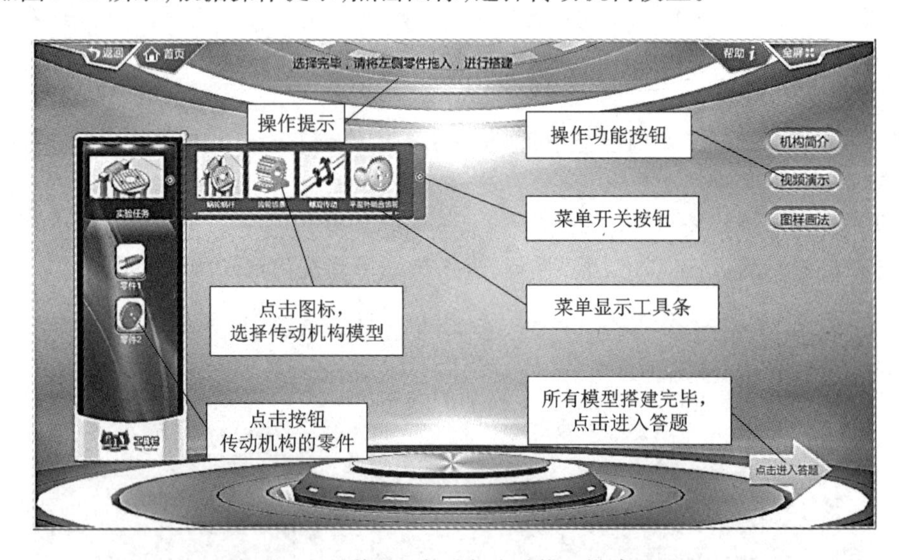

图 9-45　机械传动机构认知实验模型搭建界面 1

②如图 9-46 所示，依据要搭建的传动机构模型，通过按钮图标，分别选择相应的传动机构零件模型，将其拖到屏幕中间，搭建传动机构模型。

③按住鼠标左键可旋转模型；按住鼠标中键并拖动可平移模型；上下滑动鼠标中键可放大或缩小模型。按住按钮可显示传动机构模型运动，如图 9-47 所示。

(3)机械传动机构认知实验其他操作

①点击屏幕右侧“机构简介”按钮，打开或关闭机构简介窗口，了解相应的传动机构特点和适用范围，如图 9-48 所示。

②点击屏幕右侧“视频演示”按钮，打开或关闭视频演示窗口，播放相应的传动机构运动

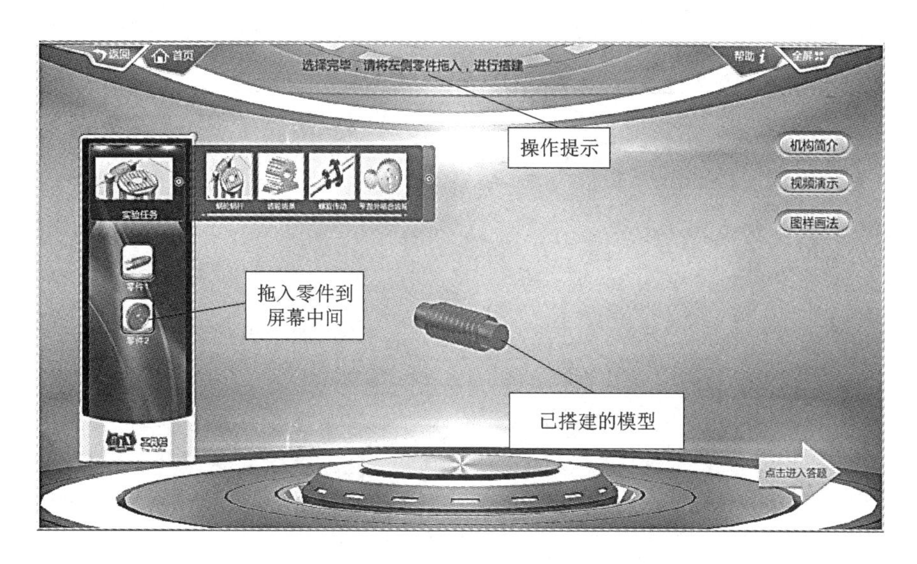

图 9-46　机械传动机构认知实验模型搭建界面 2

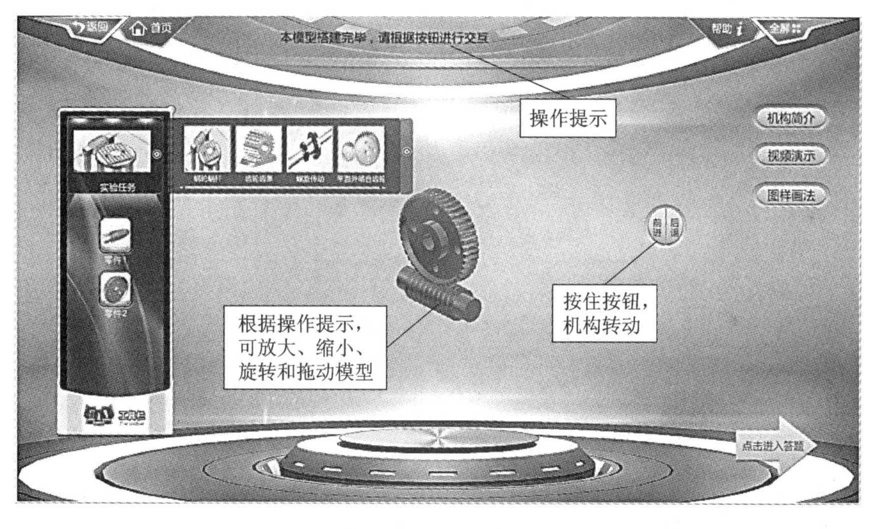

图 9-47　机械传动机构认知实验模型操作界面 3

动画或视频，如图 9-49 所示。视频窗口的功能按钮分别设置为：关闭窗口、播放（暂停）、重新播放。

③点击屏幕右侧“图样画法”按钮，打开或关闭图样画法窗口。放大（缩小）图样画法窗口，实现不同图样的切换显示，如图 9-50 所示。

④所有模型搭建完毕，点击屏幕右下角的“点击进入答题”按钮，进入答题界面，如图 9-51 所示。注意：点击“上传”按钮，仅将实验结果的截图暂时保存起来。需在实验平台主界面上，点击“更新实验报告内容”按钮以更新实验报告中的实验结果插图和评分结果，也可点击“提交”按钮，则更新实验报告中的所有信息，并向实验空间网站回传成绩。

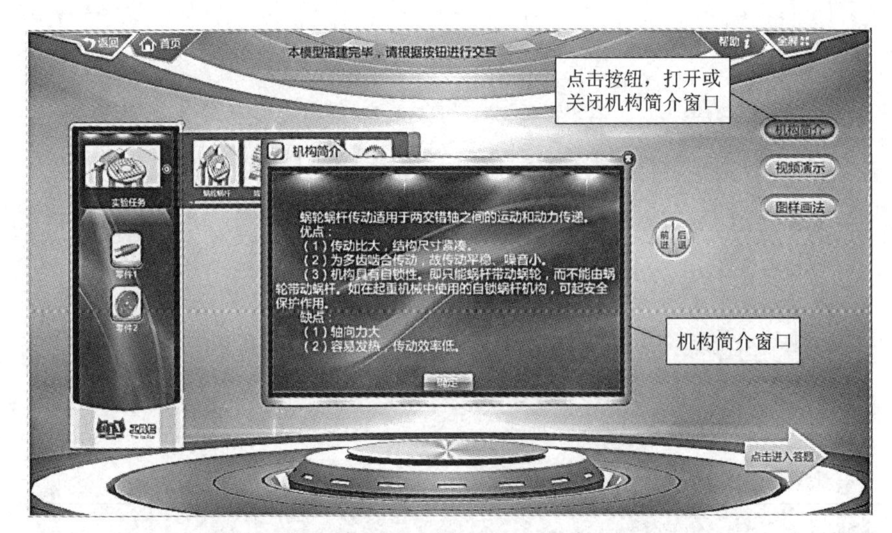

图 9-48　机械传动机构认知实验其他操作界面 1

图 9-49　机械传动机构认知实验其他操作界面 2

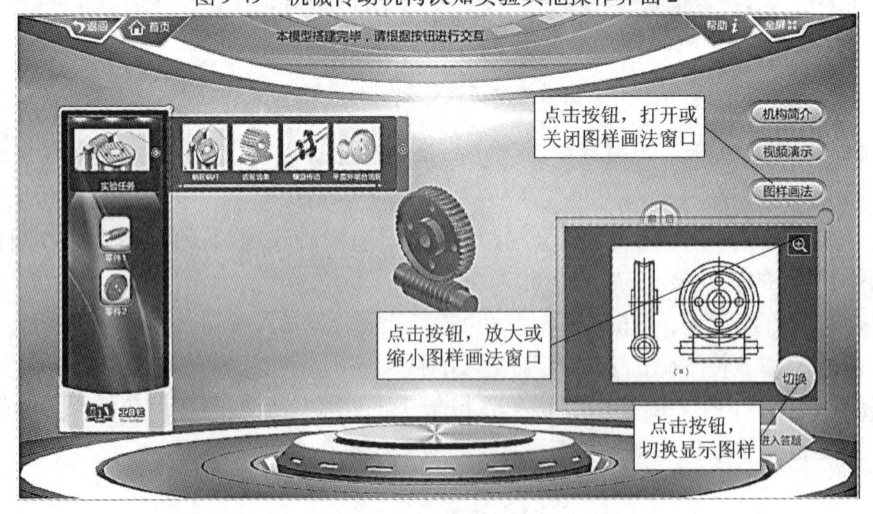

图 9-50　机械传动机构认知实验其他操作界面 3

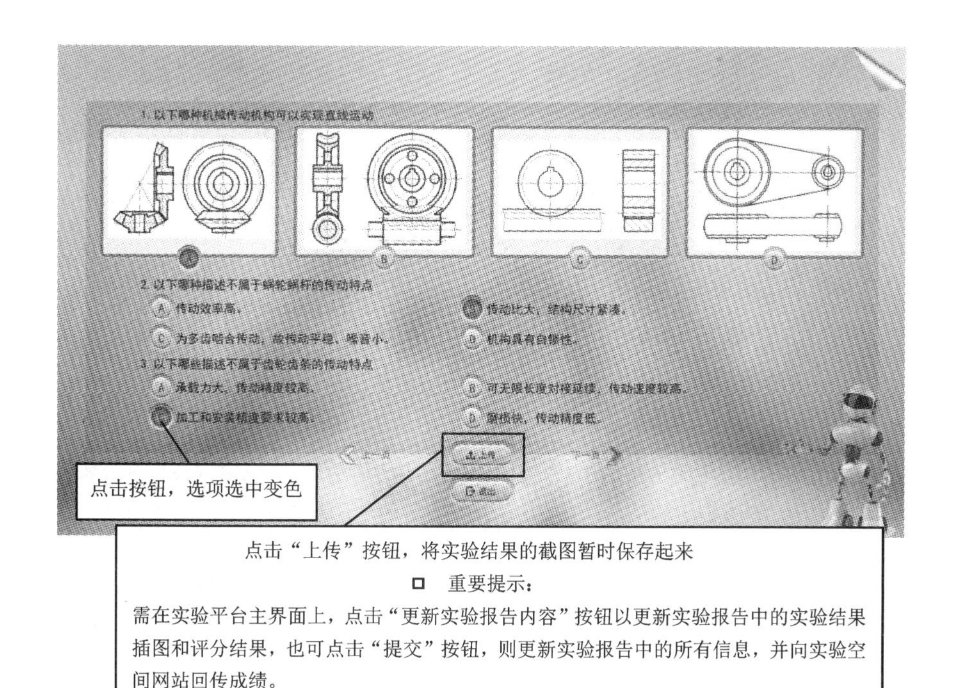

图 9-51　机械传动机构认知实验其他操作界面 4

4.2　齿轮油泵模型搭建实验

4.2.1　实验目的

通过齿轮油泵模型搭建虚拟实验，了解齿轮油泵的工作原理与结构组成以及图样表达方法。

4.2.2　实验要求

根据给出的齿轮油泵零件，搭建齿轮油泵模型。通过阅读“齿轮油泵简介”文字说明和观看动画演示，了解齿轮油泵的工作原理。通过读图了解齿轮油泵的图样表达方法。

4.2.3　实验工具

计算机、Leap motion 或类似功能设备、面向机械结构创意设计的虚拟仿真实验软件。

4.2.4　实验内容及步骤

(1)进入齿轮油泵模型搭建实验

①点击“齿轮油泵模型搭建实验”按钮，进入齿轮油泵模型搭建实验，如图 9-52 所示。

②点击如图 9-53 所示“确定”按钮，关闭实验任务窗口。

(2)搭建齿轮油泵模型

①如图 9-54 所示，根据操作提示，点击按钮图标，选择相应的零件模型，将其拖到屏幕中间，搭建齿轮油泵模型。

③按住鼠标左键旋转模型；按住鼠标中键并拖动，可平移模型；上下滑动鼠标中键，放大或缩小模型，如图 9-55 所示。

(3)齿轮油泵模型搭建实验其他操作

①点击屏幕右侧“齿轮油泵简介”按钮，打开或关闭齿轮油泵简介窗口，了解齿轮油泵的工作原理，如图 9-56 所示。

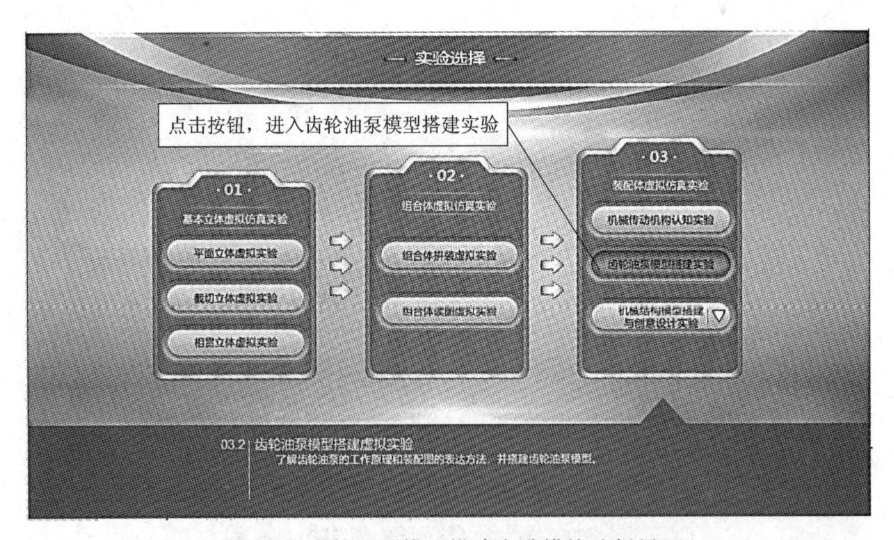

图 9-52　齿轮油泵模型搭建实验模块选择界面

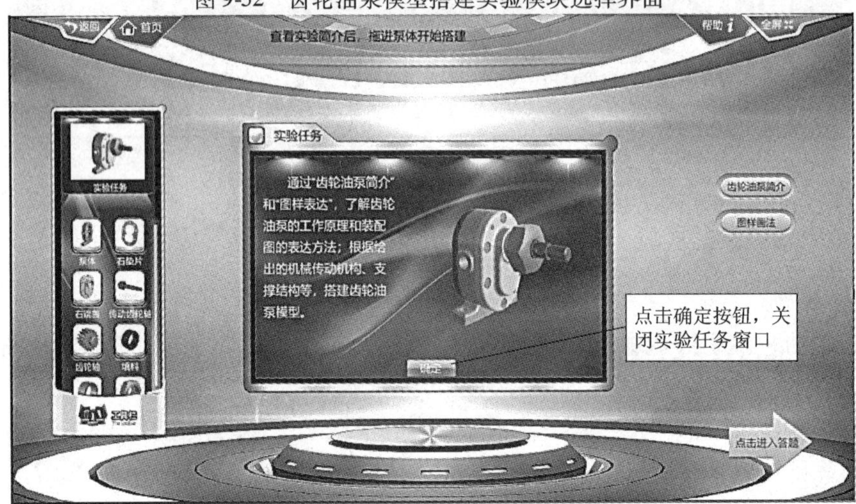

图 9-53　齿轮油泵模型搭建实验任务窗口

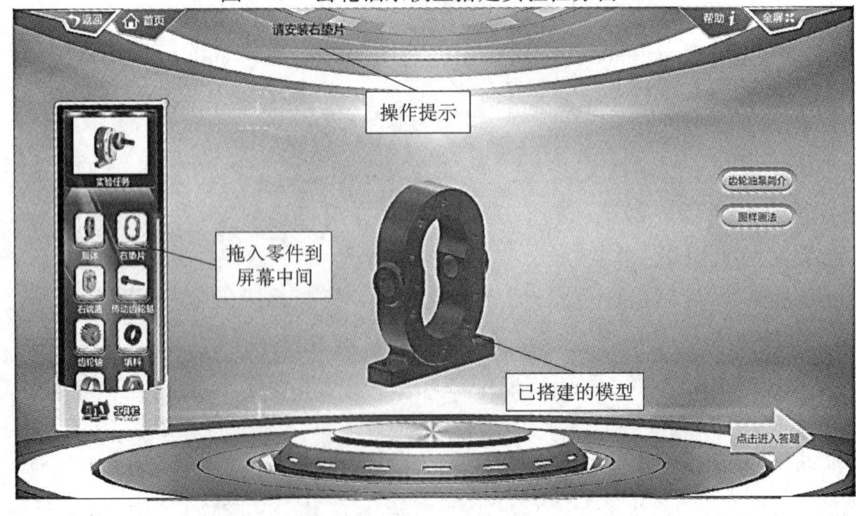

图 9-54　齿轮油泵模型搭建实验模型搭建界面 1

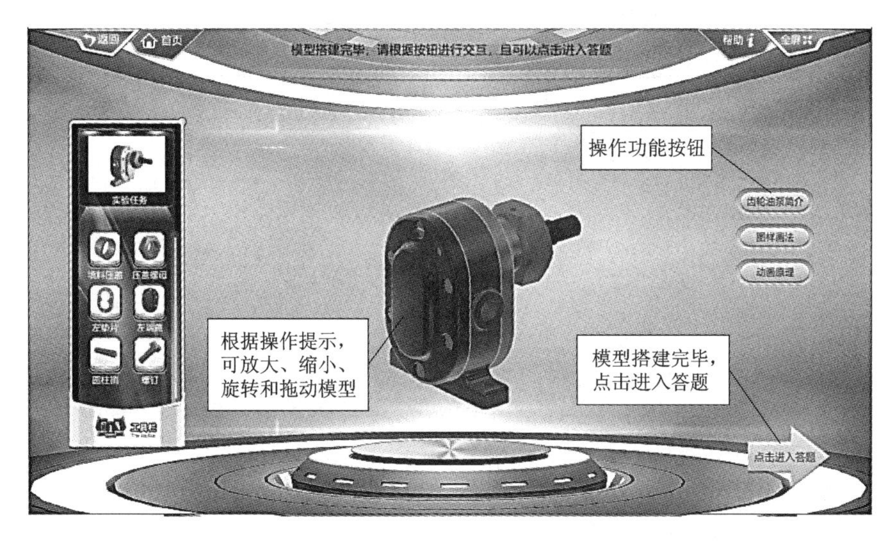

图 9-55　齿轮油泵模型搭建实验模型搭建界面 2

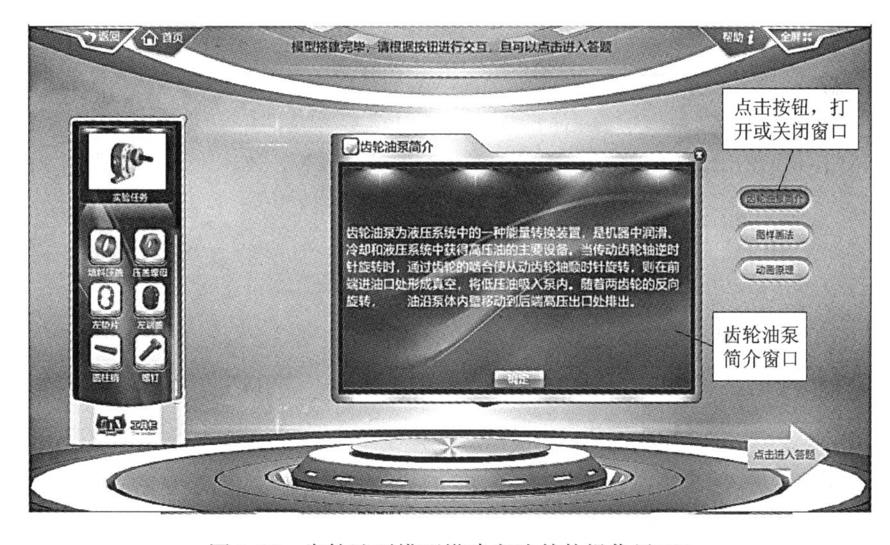

图 9-56　齿轮油泵模型搭建实验其他操作界面 1

②点击屏幕右侧“图样画法”按钮，打开或关闭图样画法窗口。放大（缩小）齿轮油泵图样画法窗口，如图 9-57 所示。

③点击屏幕右侧“动画原理”按钮，打开或关闭齿轮油泵工作原理的动画播放，如图 9-58 所示。

④齿轮油泵模型搭建完毕，点击屏幕右下角的“点击进入答题”按钮，进入答题界面，如图 9-59 所示。注意：点击“上传”按钮，仅将实验结果的截图暂时保存起来。需在实验平台主界面上，点击“更新实验报告内容”按钮以更新实验报告中的实验结果插图和评分结果，也可点击“提交”按钮，则更新实验报告中的所有信息，并向实验空间网站回传成绩。

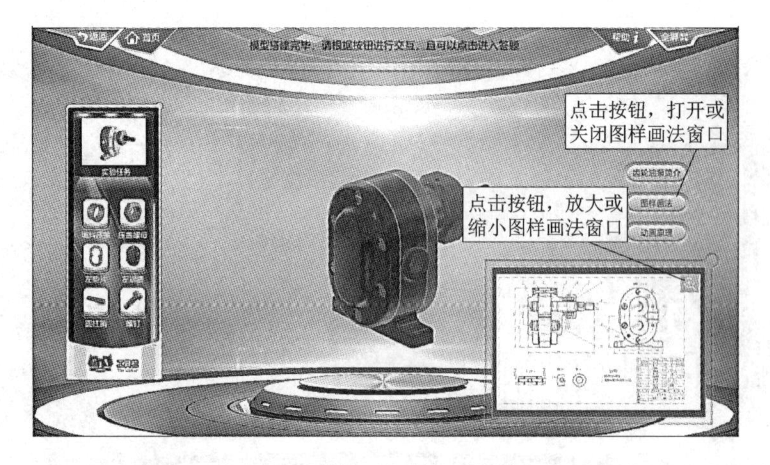

图 9-57　齿轮油泵模型搭建实验其他操作界面 2

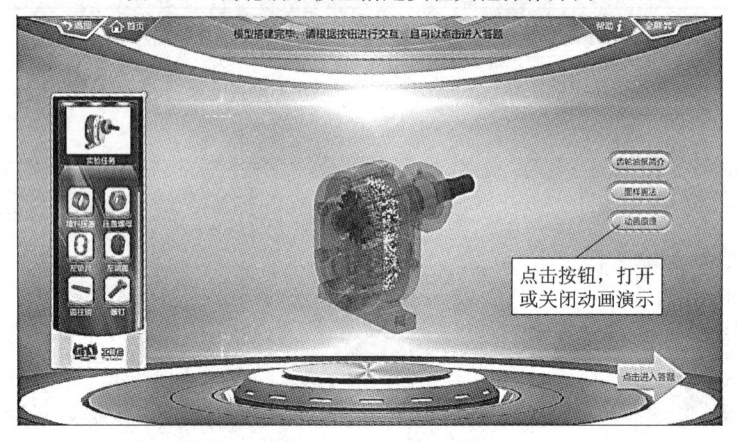

图 9-58　齿轮油泵模型搭建实验其他操作界面 3

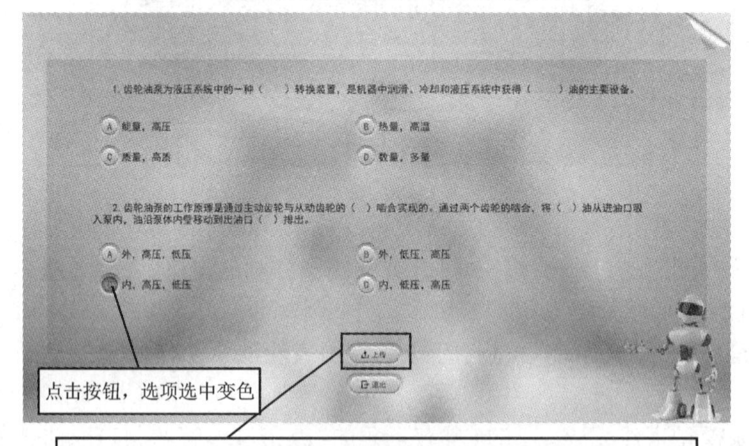

点击“上传”按钮，将实验结果的截图暂时保存起来

□　重要提示：

需在实验平台主界面上，点击“更新实验报告内容”按钮以更新实验报告中的实验结果 插图和评分结果，也可点击“提交”按钮，则更新实验报告中的所有信息，并向实验空间网站回传成绩。

图 9-59　齿轮油泵模型搭建实验其他操作界面 4

4.3 机械结构模型搭建实验

4.3.1 实验目的

了解机械结构的组成及其运动方式,并搭建机械结构模型。

4.3.2 实验要求

根据给出的机械结构零件,搭建机械结构模型。通过阅读“机械结构简介”文字说明和观看视频演示,了解两自由度和三自由度机械结构的工作原理和适用场合。

4.3.3 实验工具

计算机、Leap motion 或类似功能设备、面向机械结构创意设计的虚拟仿真实验软件。

4.3.4 实验内容及步骤

(1)进入机械结构模型搭建实验

①点击“机械结构模型搭建”按钮,进入机械结构模型搭建实验,如图 9-60 所示。

图 9-60 机械结构模型搭建实验模块选择界面

②点击如图 9-61 所示“确定”按钮,关闭实验任务窗口。

(2)拼装机械结构模型

①如图 9-62 所示,根据操作提示,点击图标,选择机械结构模型。

②如图 9-63 所示,依据要搭建的机械结构模型,通过按钮图标分别选择相应的机械结构零件模型,将其拖到屏幕中间,搭建机械结构模型。

③按住鼠标左键,可旋转模型;按住鼠标中键并拖动,可平移模型;上下滑动鼠标中键,可放大或缩小模型;按住机械结构的传动按钮可显示机械结构模型的传动机构运动,如图 9-64 所示。

(3)机械结构模型搭建实验其他操作

①点击屏幕右侧“机械结构简介”按钮,打开或关闭机械结构简介窗口,了解机械结构的传动方式,如图 9-65 所示。

②点击屏幕右侧“视频演示”按钮,打开或关闭机械结构的演示视频,如图 9-66 所示。

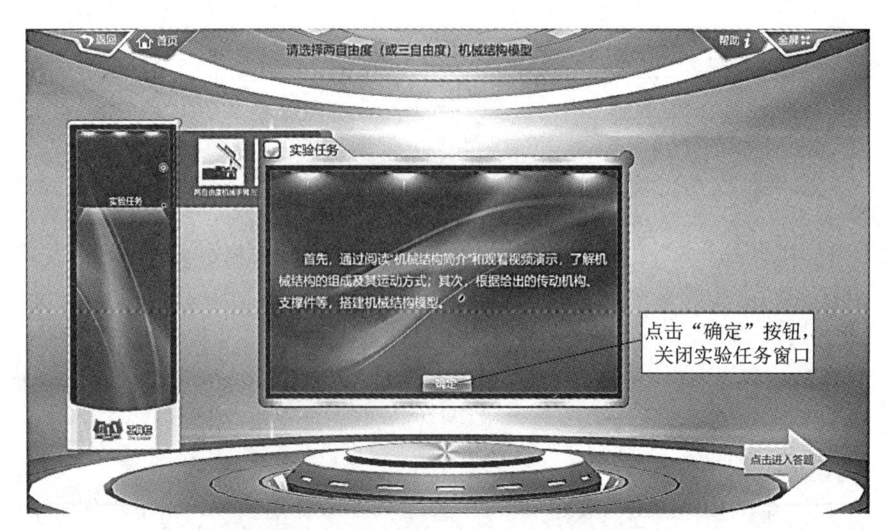

图 9-61　机械结构模型搭建实验任务窗口

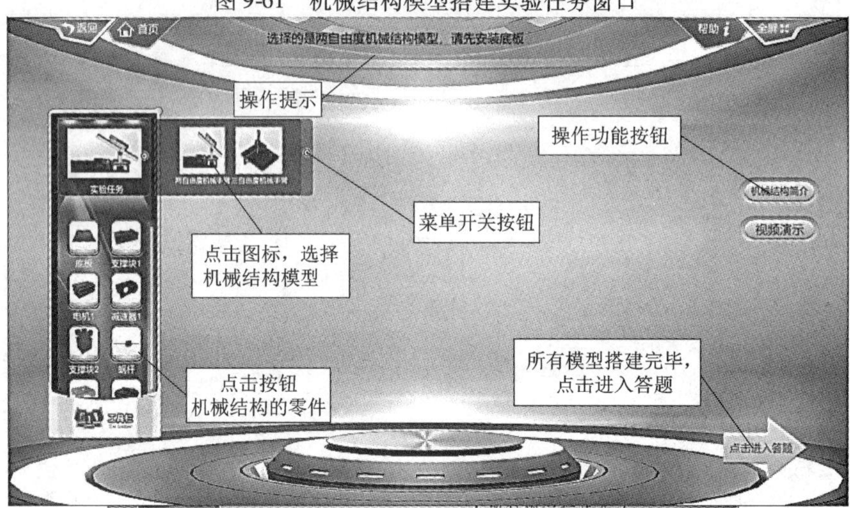

图 9-62　机械结构模型搭建实验模型搭建界面 1

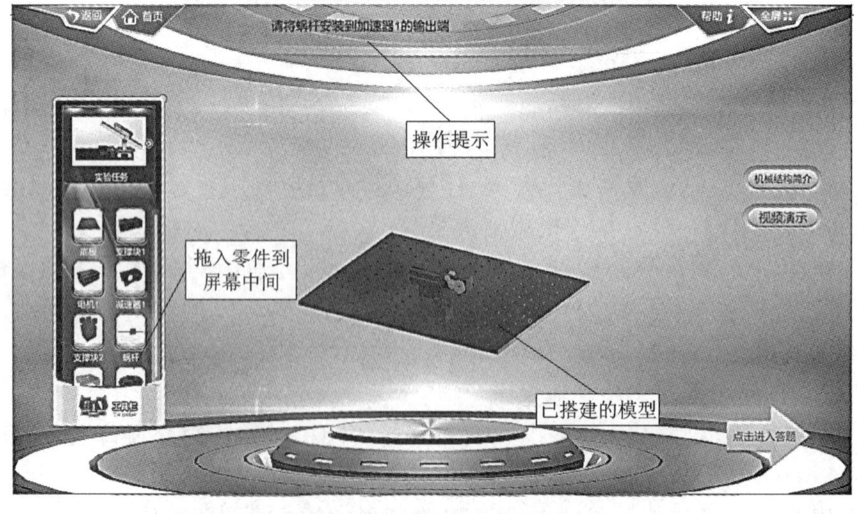

图 9-63　机械结构模型搭建实验模型搭建界面 2

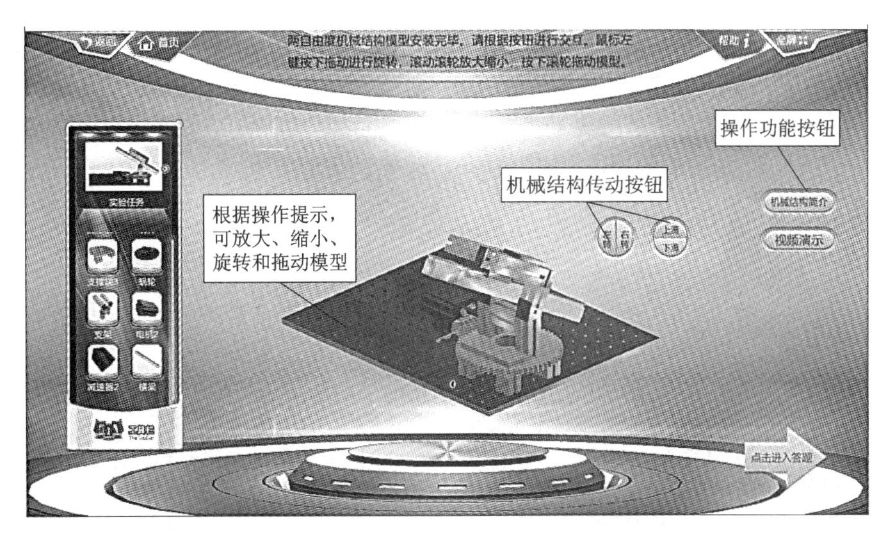

图 9-64　机械结构模型搭建实验模型搭建界面 3

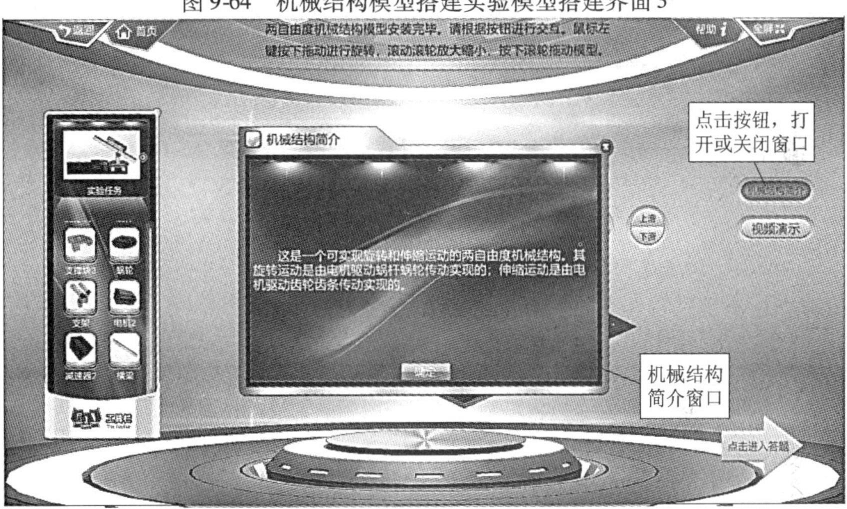

图 9-65　机械结构模型搭建实验其他操作界面 1

图 9-66　机械结构模型搭建实验其他操作界面 2

③所有模型搭建完毕，点击屏幕右下角的“点击进入答题”按钮，进入答题界面，如图9-67所示。注意：点击“上传”按钮，仅将实验结果的截图暂时保存起来。需在实验平台主界面上，点击“更新实验报告内容”按钮以更新实验报告中的实验结果插图和评分结果，也可点击“提交”按钮，则更新实验报告中的所有信息，并向实验空间网站回传成绩。

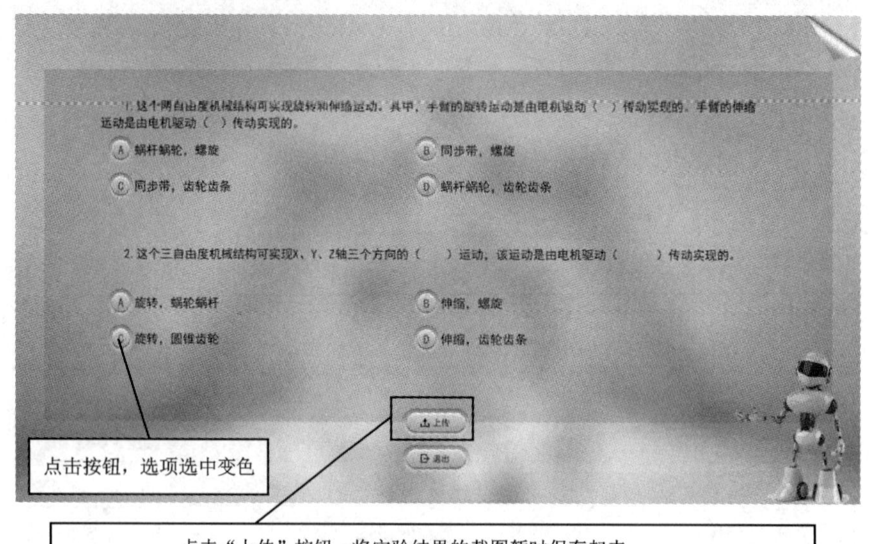

图9-67 机械结构模型搭建实验其他操作界面3

4.4 机械结构创意设计实验

4.4.1 实验目的

机械结构创意设计实验将“科教融合”的思想融入到工程图学实践教学中，针对科技前沿与热点问题，采用基于项目的学习模式进行机械结构创意设计，培养学生的创意思维和设计表达能力。

4.4.2 实验要求

根据创意设计要求，采用三维绘图软件进行机械结构创意设计。

4.4.3 实验工具

计算机、Leap motion或类似功能设备、面向机械结构创意设计的虚拟仿真实验软件。

4.4.4 实验内容及步骤

(1)进入机械结构创意设计实验

①点击“机械结构创意设计”按钮，进入机械结构创意设计实验，如图9-68所示。

②点击如图9-69所示“确定”按钮，关闭实验任务窗口。

(2)机械结构创意设计介绍

①点击屏幕右侧“创意设计要求”按钮，打开或关闭创意设计要求窗口，如图9-70所示。

图 9-68 机械结构创意设计实验模块选择界面

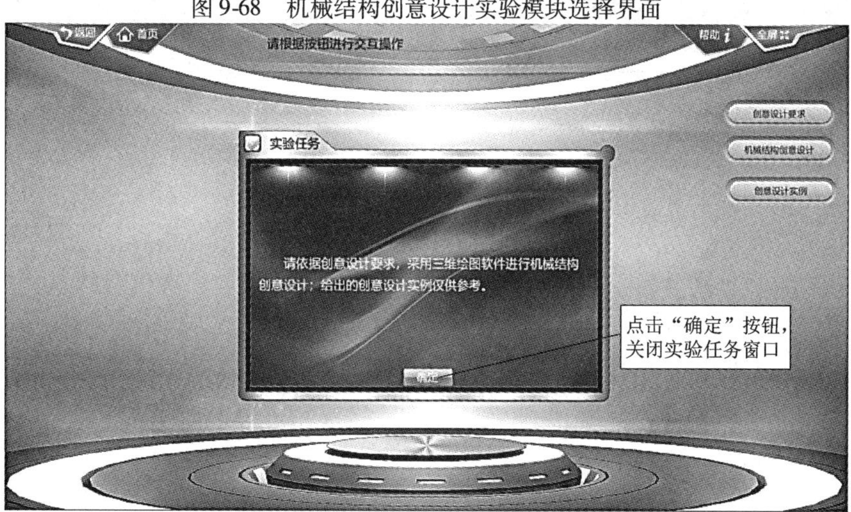

图 9-69 机械结构创意设计实验任务窗口

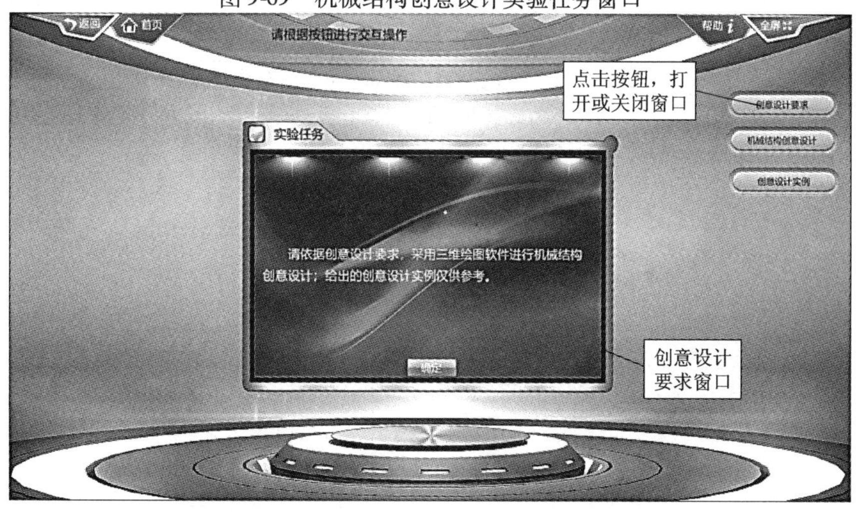

图 9-70 机械结构创意设计操作界面 1

②点击屏幕右侧“机械结构创意设计”按钮，打开或关闭机械结构创意设计窗口，如图9-71所示。

图9-71　机械结构创意设计操作界面2

③点击屏幕右侧“创意设计实例”按钮，再点击“创意设计实例模型”按钮，创意设计实例模型显示在屏幕中间。按住鼠标左键，可旋转模型；按住鼠标中键并拖动，可平移模型；上下滑动鼠标中键，可放大或缩小模型；按住“向上”或“向下”按钮，可显示模型的垂直臂做相应的上下运动；按住“向前”或“向后”按钮，可显示模型的水平臂做相应的前后运动。同时，若显示模型的旋转关节的运动，需要按住其文字下方的“左转”或“右转”按钮；若显示模型的手爪的运动，需要按住其文字下主的“夹持”或“松开”按钮，如图9-72所示。

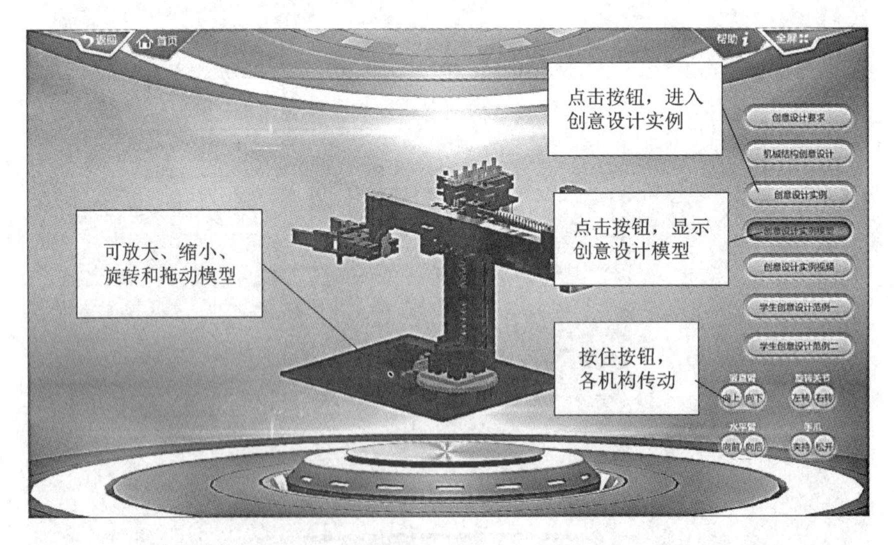

图9-72　机械结构创意设计操作界面3

④点击屏幕右侧“创意设计实例视频”按钮，打开或关闭视频窗口，如图9-73所示。

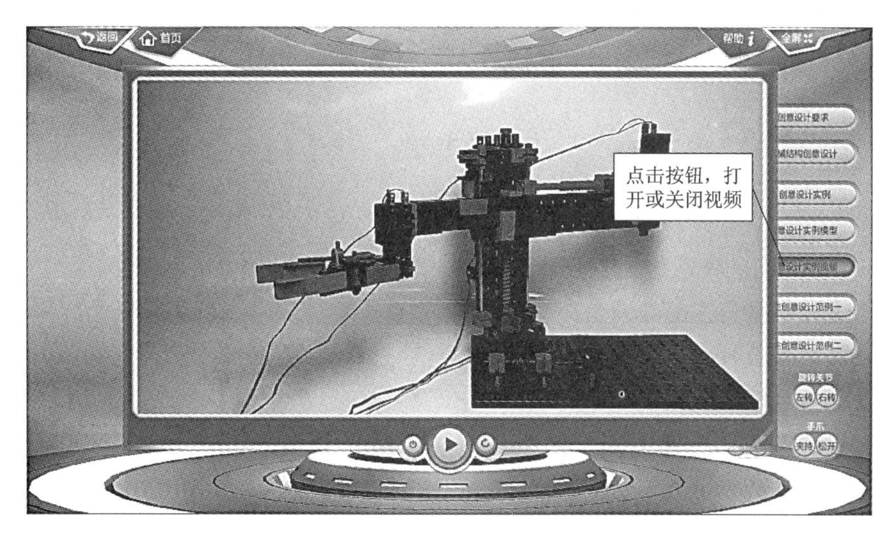

图 9-73　机械结构创意设计操作界面 4

⑤点击屏幕右侧“学生创意设计范例一/二”按钮，打开或关闭学生创意设计范例窗口，如图 9-74 所示。

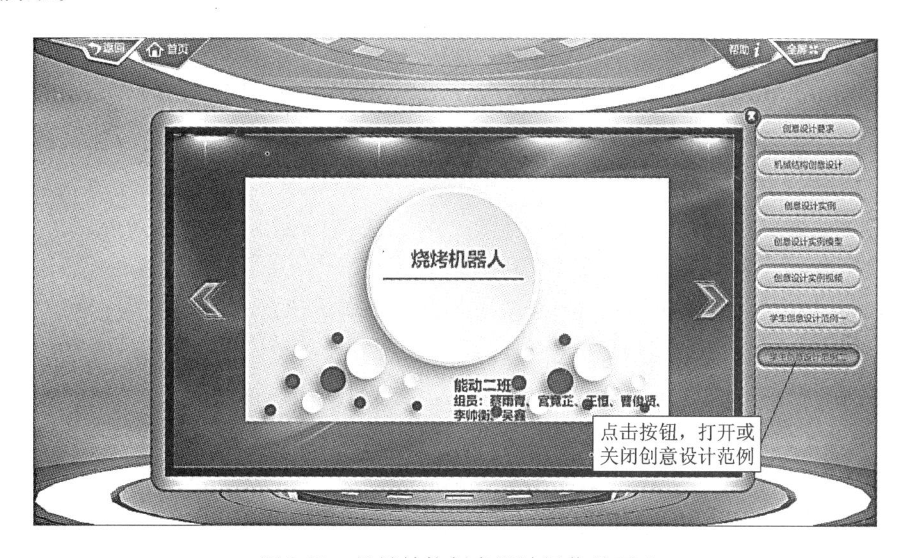

图 9-74　机械结构创意设计操作界面 5

4.5　实验评分

装配体虚拟仿真实验满分共 100 分，其中机械传动机构认知实验 60 分，齿轮油泵模型搭建实验 20 分，机械结构模型搭建实验 20 分。

(1)机械传动机构认知实验(满分 60 分)

在所有机械传动机构模型搭建完成后才能进入答题环节，每题 10 分，共 60 分。

(2)齿轮油泵模型搭建实验(满分 20 分)

在齿轮油泵模型搭建完成后才能进入答题环节，每题 10 分，共 20 分。

(3)机械结构模型搭建实验(满分 20 分)

在所有机械结构模型搭建完成后才能进入答题环节,每题 10 分,共 20 分。

思考题

1. 机械设计中常采用什么图示法?

2. 三面正投影图的投影规律是什么?简述其具体含义。

3.【单选题】下面表述正确的是(　　)。

A. 截交线是截平面与立体表面的交线

B. 截交线上的点只在截平面上,与被截切的立体无关

C. 截交线上的点都是可见的

4.【单选题】正垂面与水平面的交线是什么位置直线?(　　)

A. 正垂线

B. 水平线

C. 侧平线

5.【多选题】以下关于各种位置平面的投影特性描述正确的是(　　)。

A. 一般位置平面,三个投影为边数相等的类似多边形

B. 投影面垂直面,在其垂直的投影面上的投影积聚成直线,另外两个投影成类似形

C. 投影面平行面,在其平行的投影面上的投影反映实形,另外两个投影积聚为直线

6. 机械零件上常出现的两圆柱面正交相贯结构,相贯线及其投影有几种基本情况?

7. 组合体的组合方式有哪几种?它们的画法各有何特点?

8. 试述用形体分析法画图、读图和标注尺寸的方法和步骤。

9. 剖视图有哪几种?各适用于什么情况?

10. 画剖视图要注意哪些问题?剖视图应如何标注?什么情况下可省略标注?

11. 半剖视图中,视图与剖视图的分界线是什么线?

12. 局部剖视图中,视图与剖视图的分界线是什么线?画这种线时要注意什么问题?

13. 请结合实例简述齿轮齿条传动的特点和适用场合。

14. 简述圆柱齿轮传动机构的几种图样表达方法和应用场合。

15. 请结合实例分析带传动和链传动的传动特点和应用。

16. 简述齿轮油泵的工作原理及其装配图的图样表达方法。

17. 举例说明机械结构的组成部分和自由度分析。

附　录

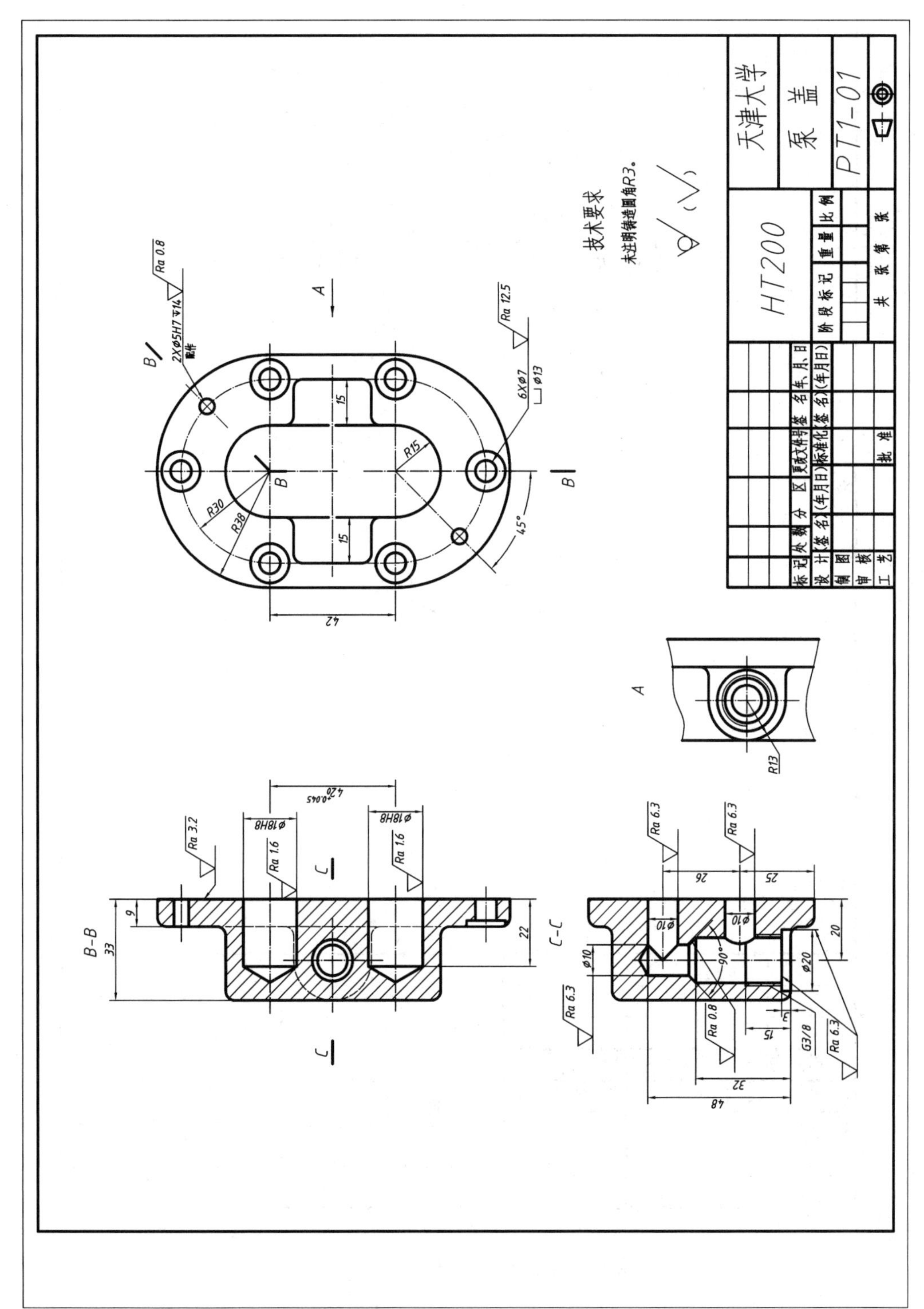

附图1　齿轮油泵零件1 泵盖

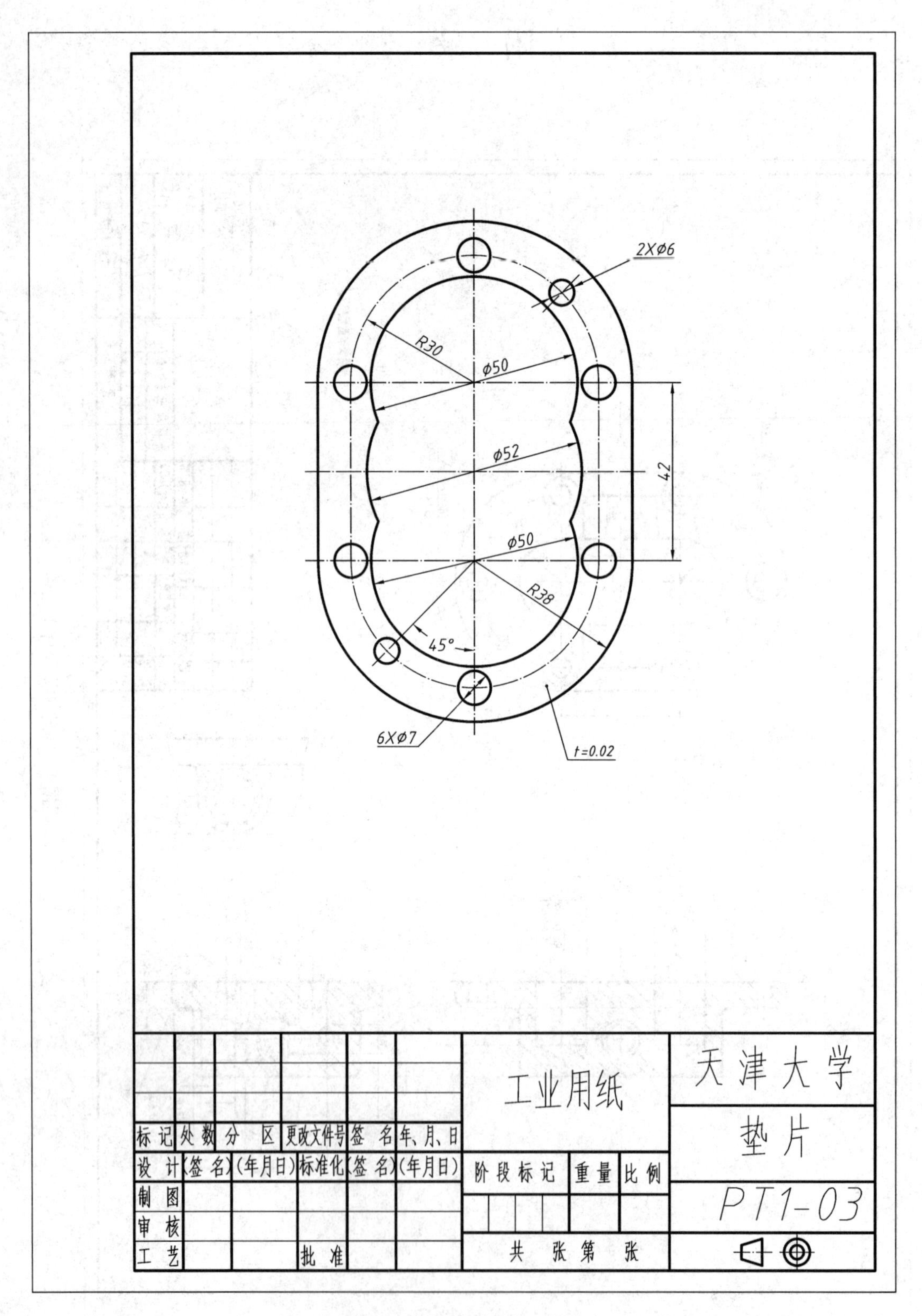

附图 2　齿轮油泵零件 3 垫片

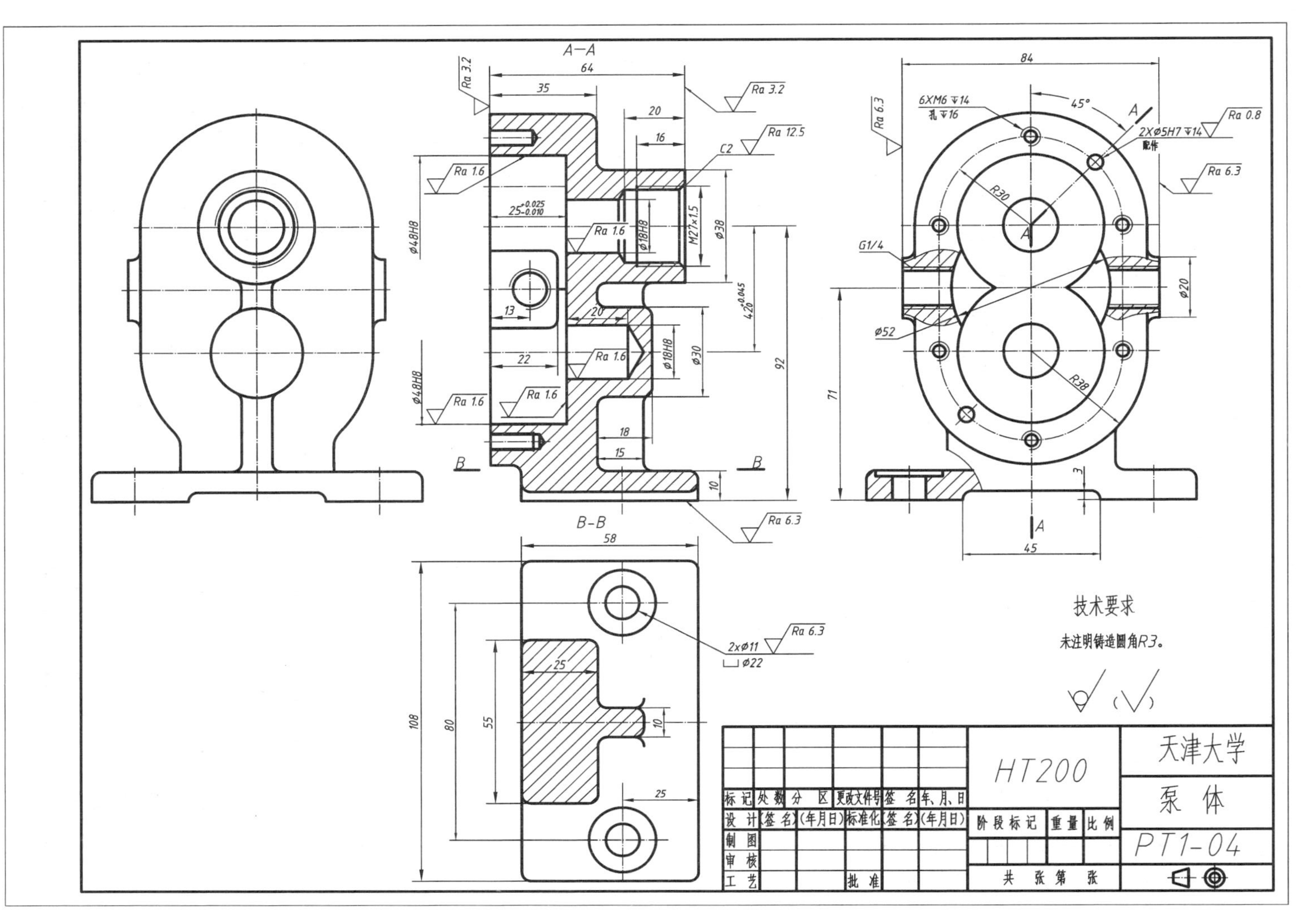

附图 3　齿轮油泵零件 4 泵体

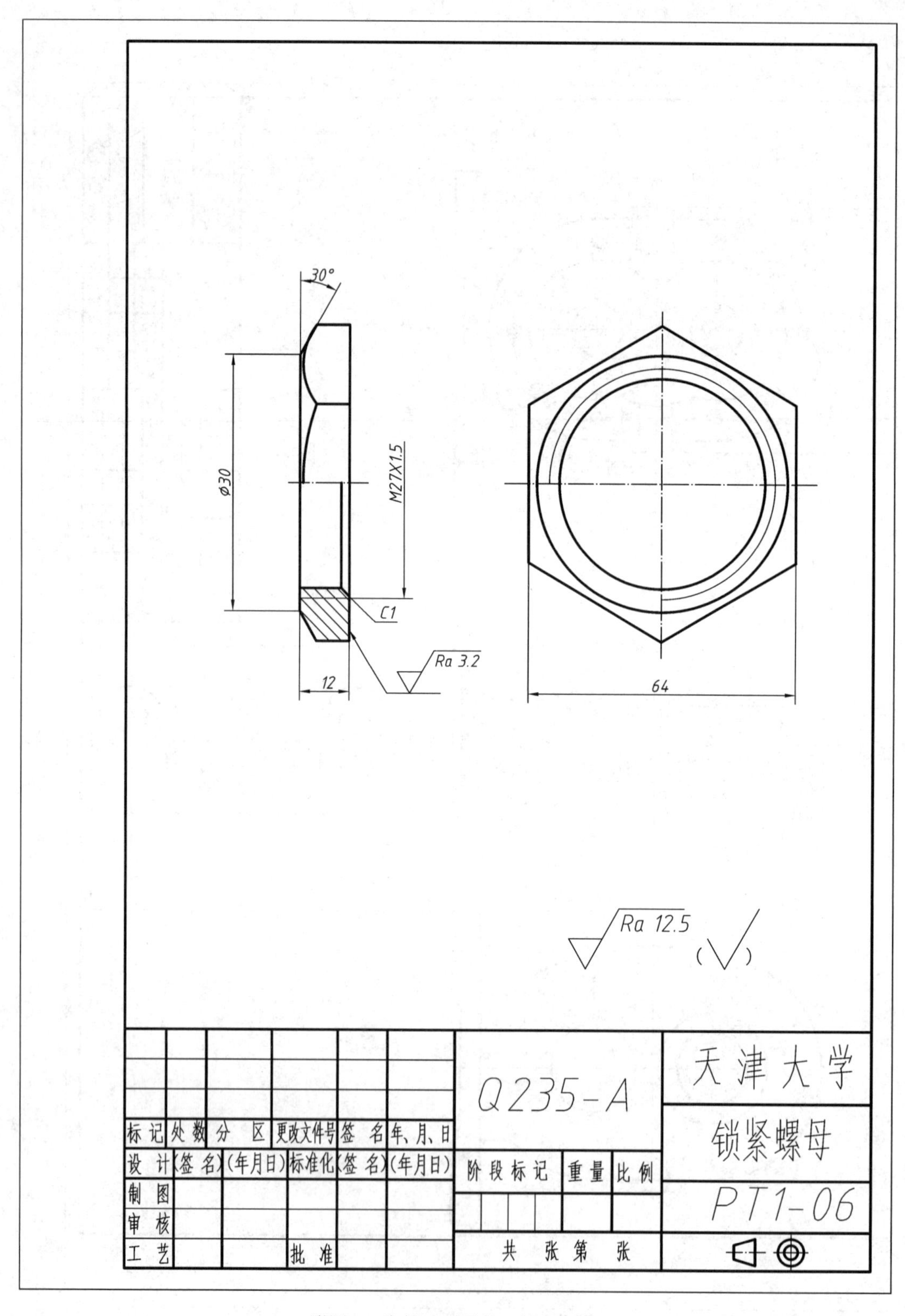

附图4 齿轮油泵零件6锁紧螺母

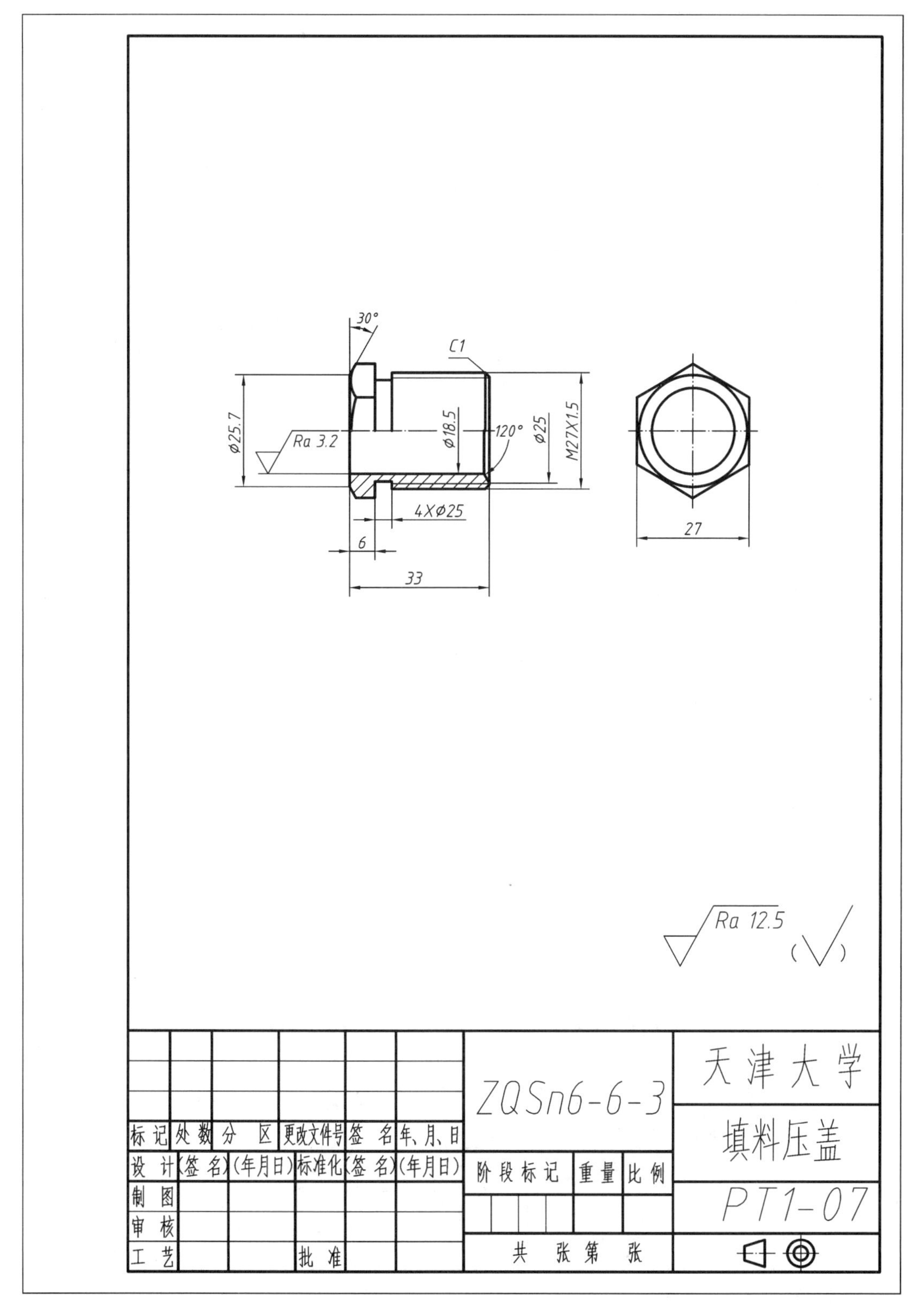

附图5　齿轮油泵零件7 填料压盖

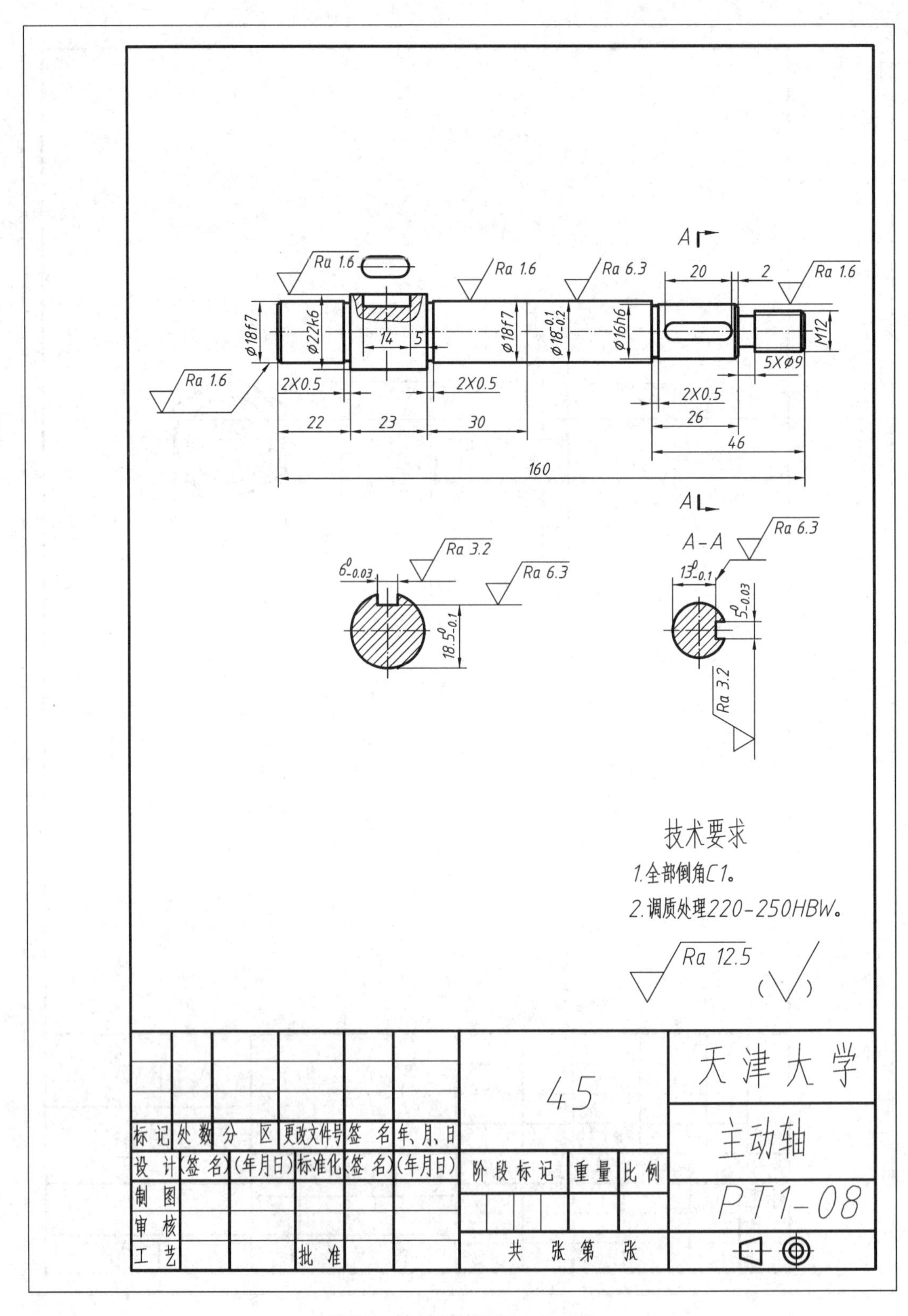

附图 6　齿轮油泵零件 8 主动轴

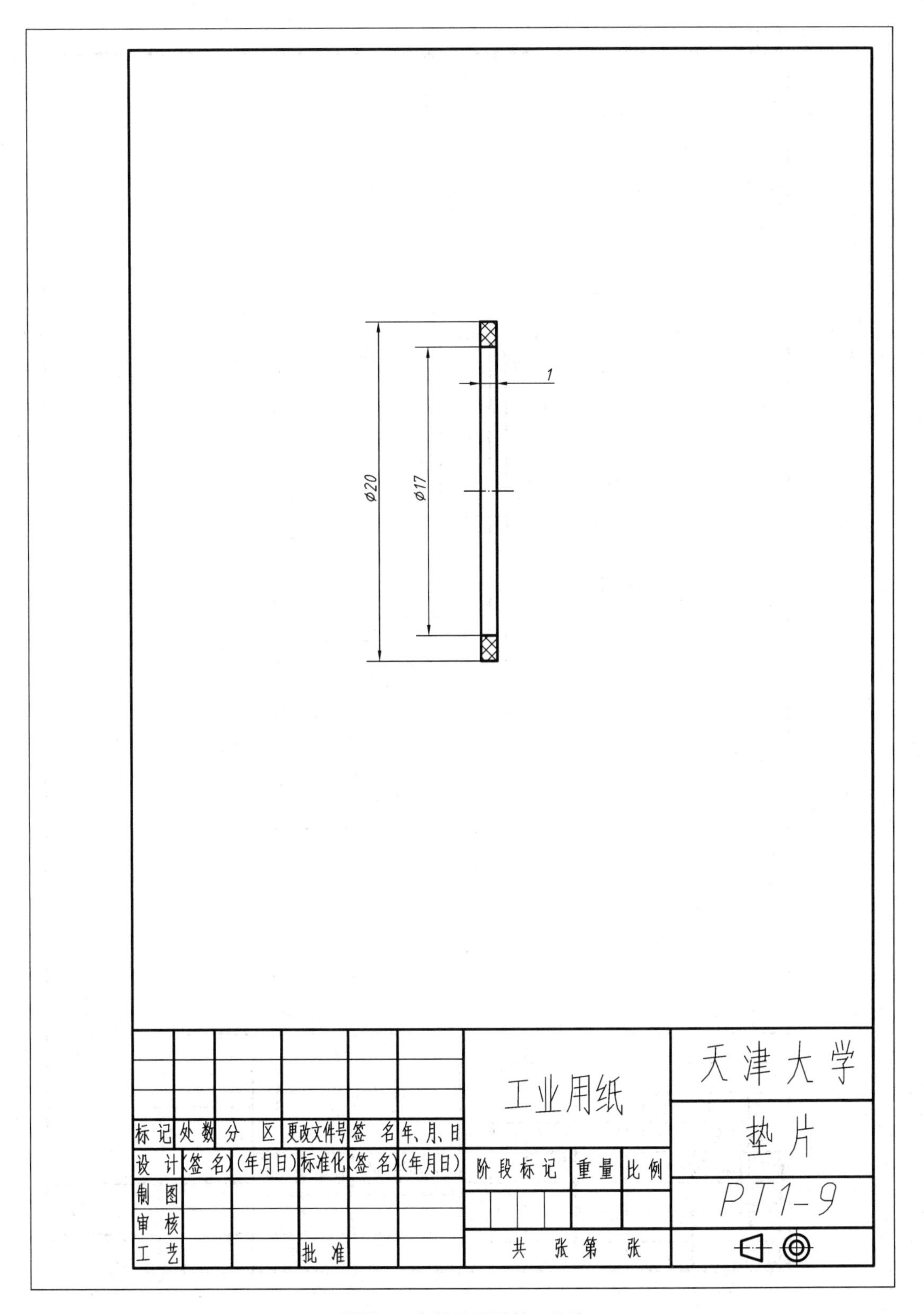

附图 7　齿轮油泵零件 9 垫片

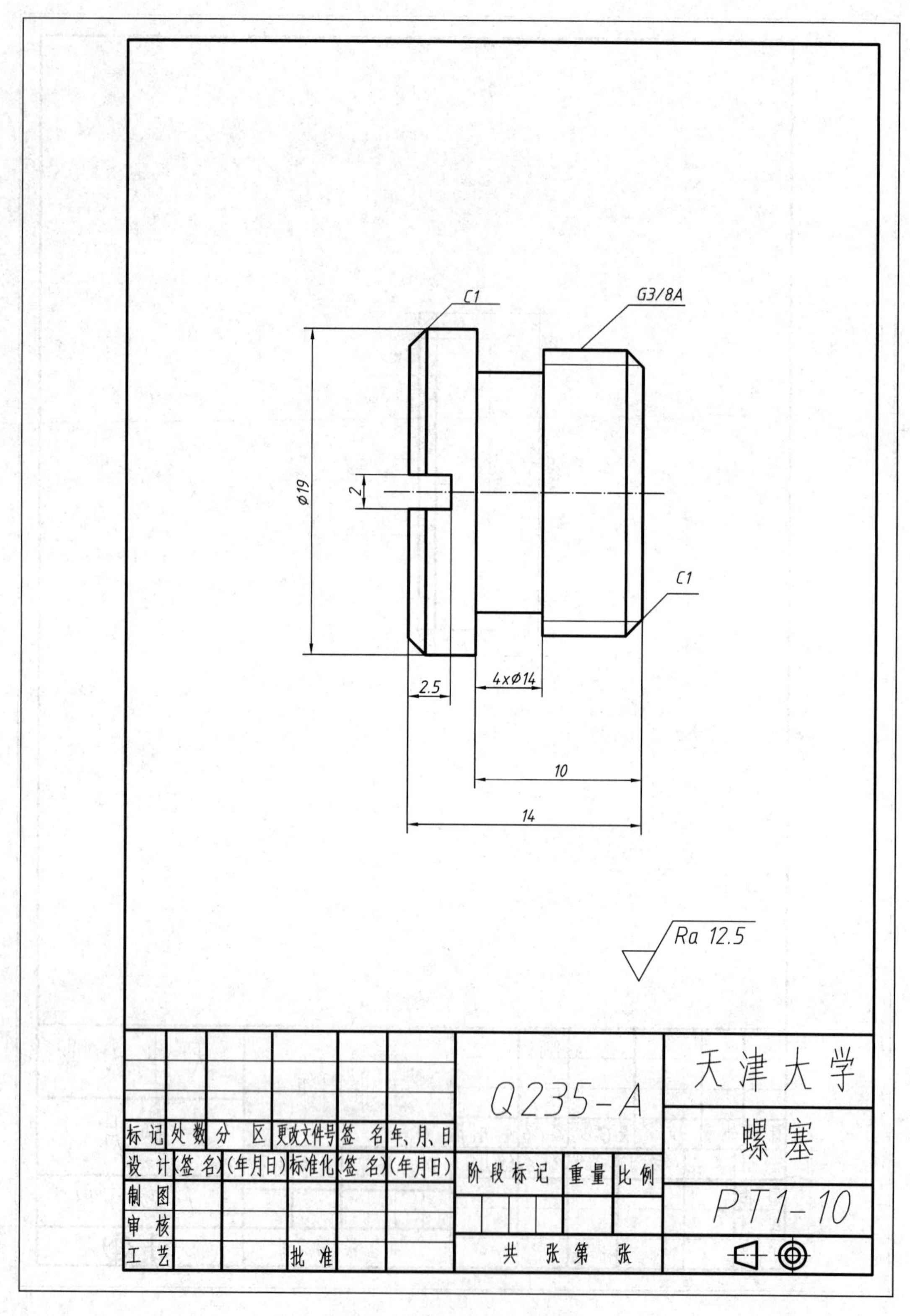

C1
G3/8A
ϕ19
2
C1
2.5
4×ϕ14
10
14
Ra 12.5
Q235-A
天津大学
螺塞
PT1-10
标记
处数
分 区
更改文件号
签 名
年、月、日
设 计
(签 名)
(年月日)
标准化
(签 名)
(年月日)
阶段标记
重量
比例
制 图
审 核
工 艺
批 准
共 张 第 张

附图8 齿轮油泵零件10螺塞

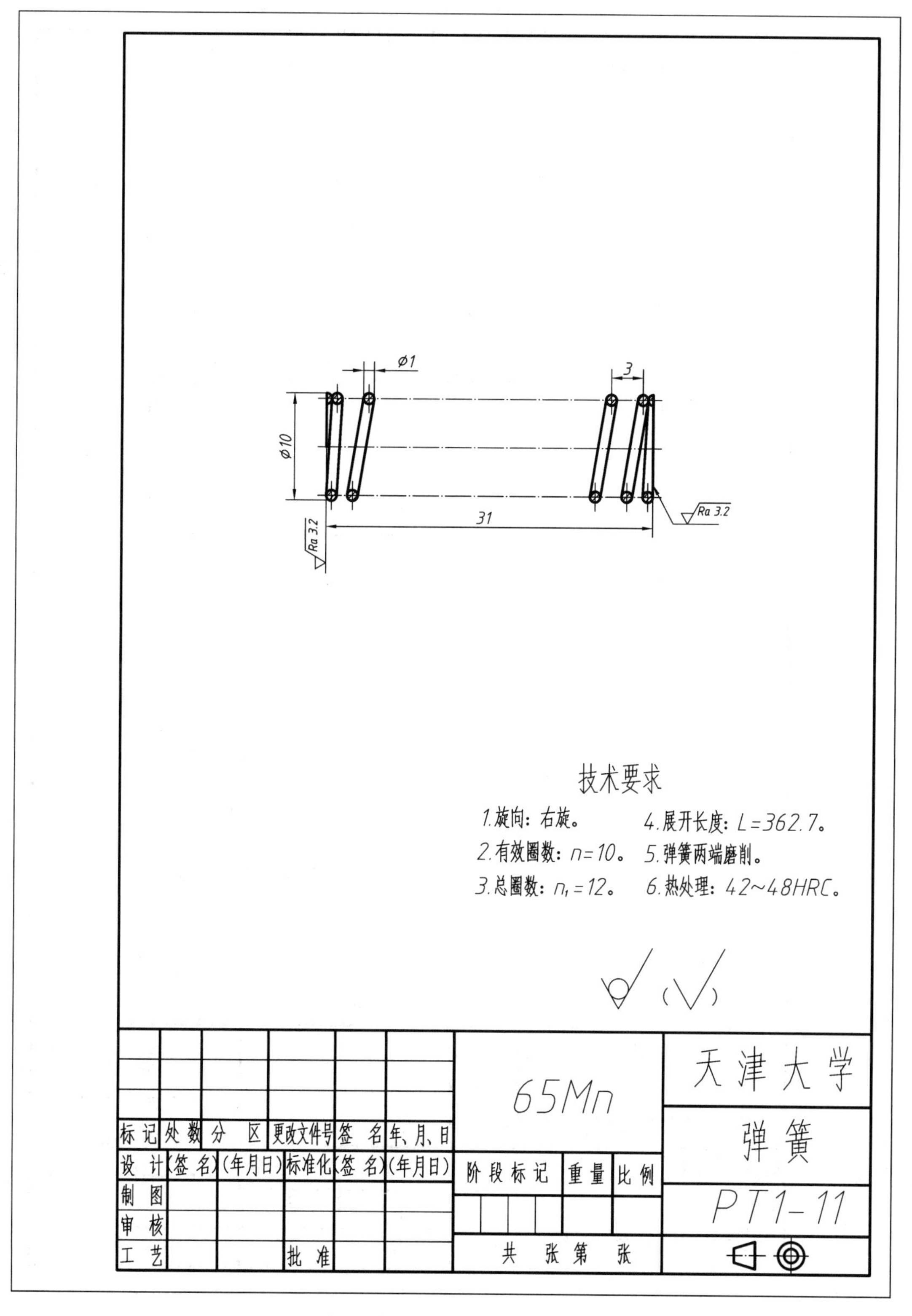

附图9　齿轮油泵零件11弹簧

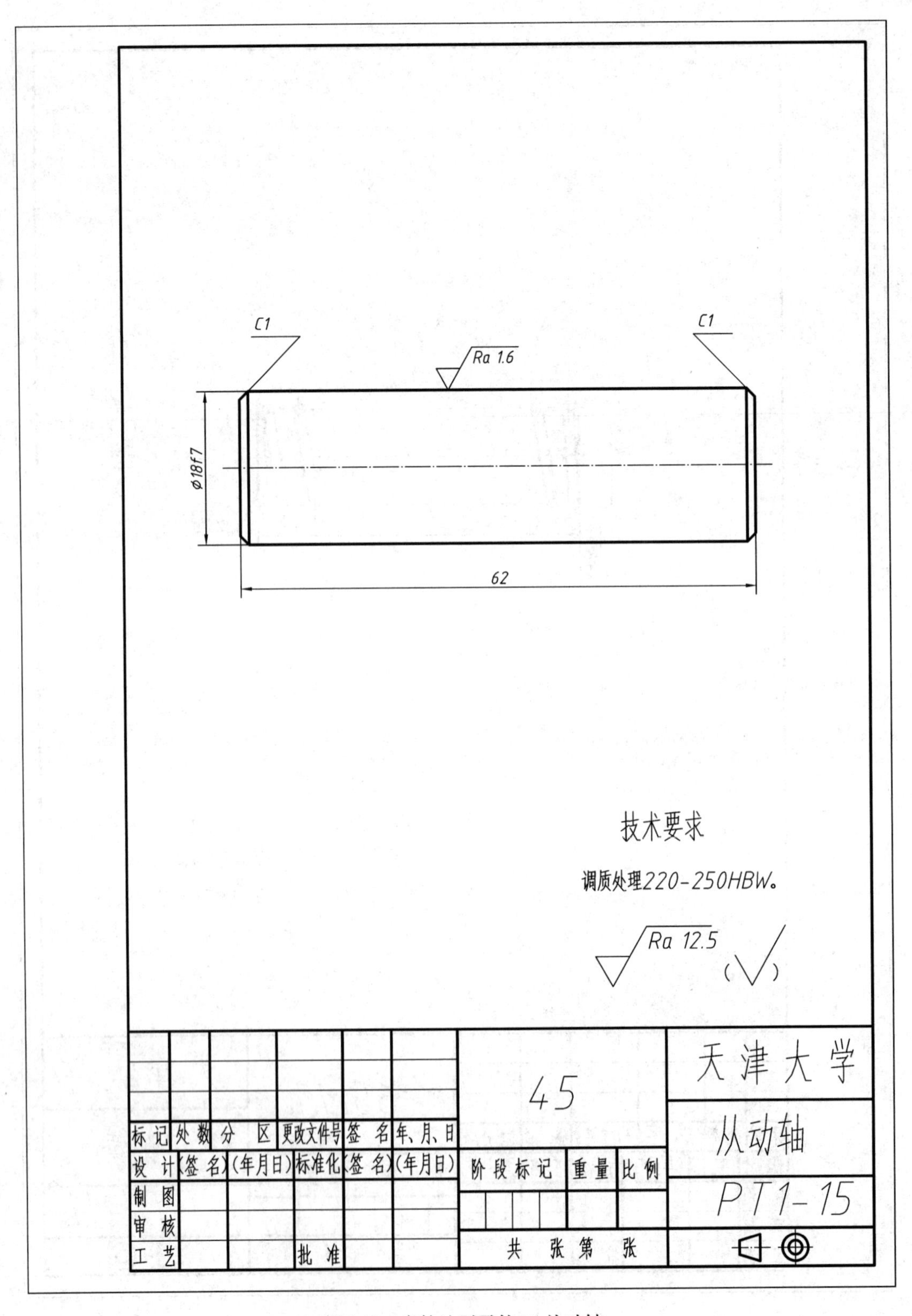

附图 10　齿轮油泵零件 15 从动轴

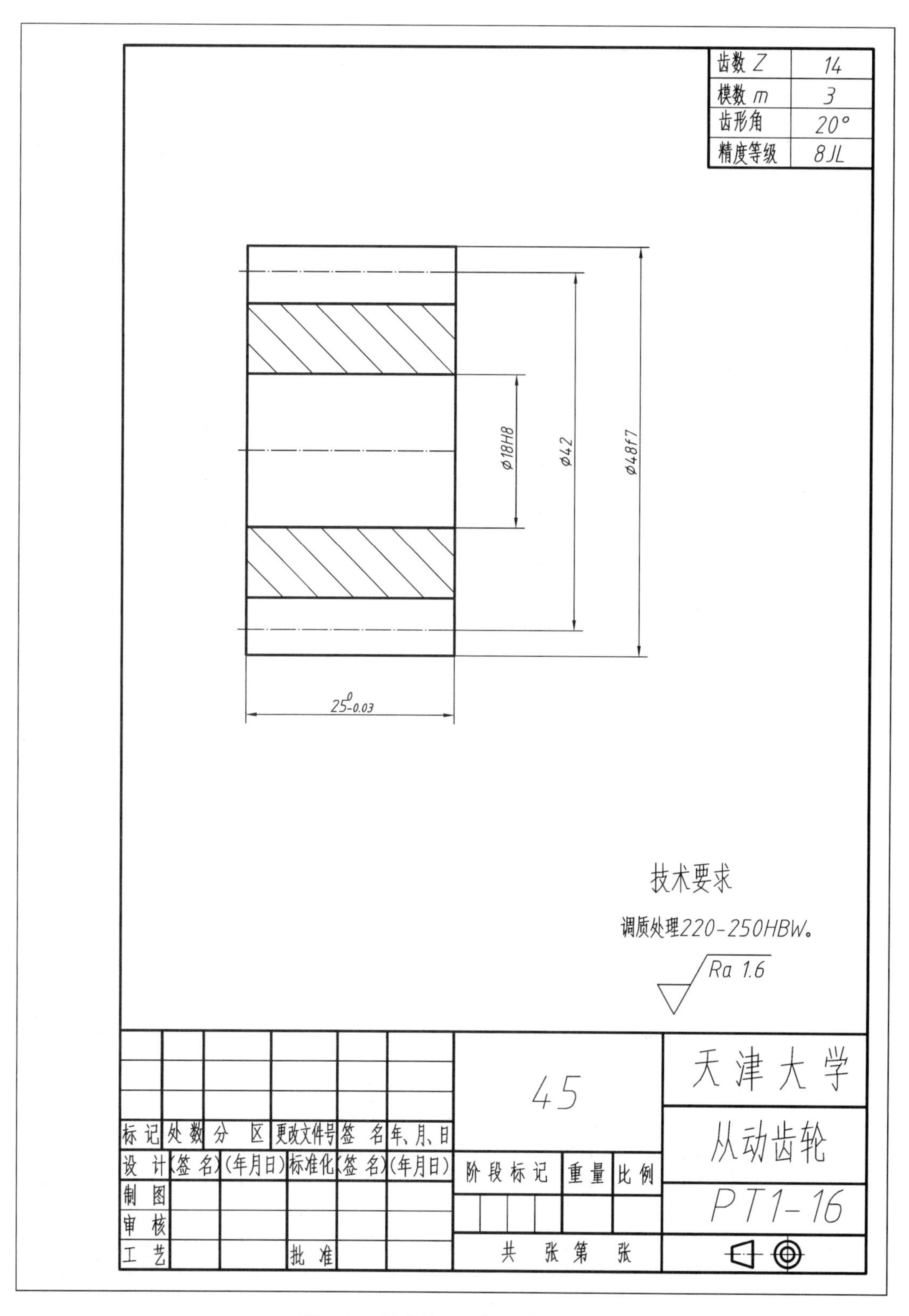

附图 11　齿轮油泵零件 16 从动齿轮

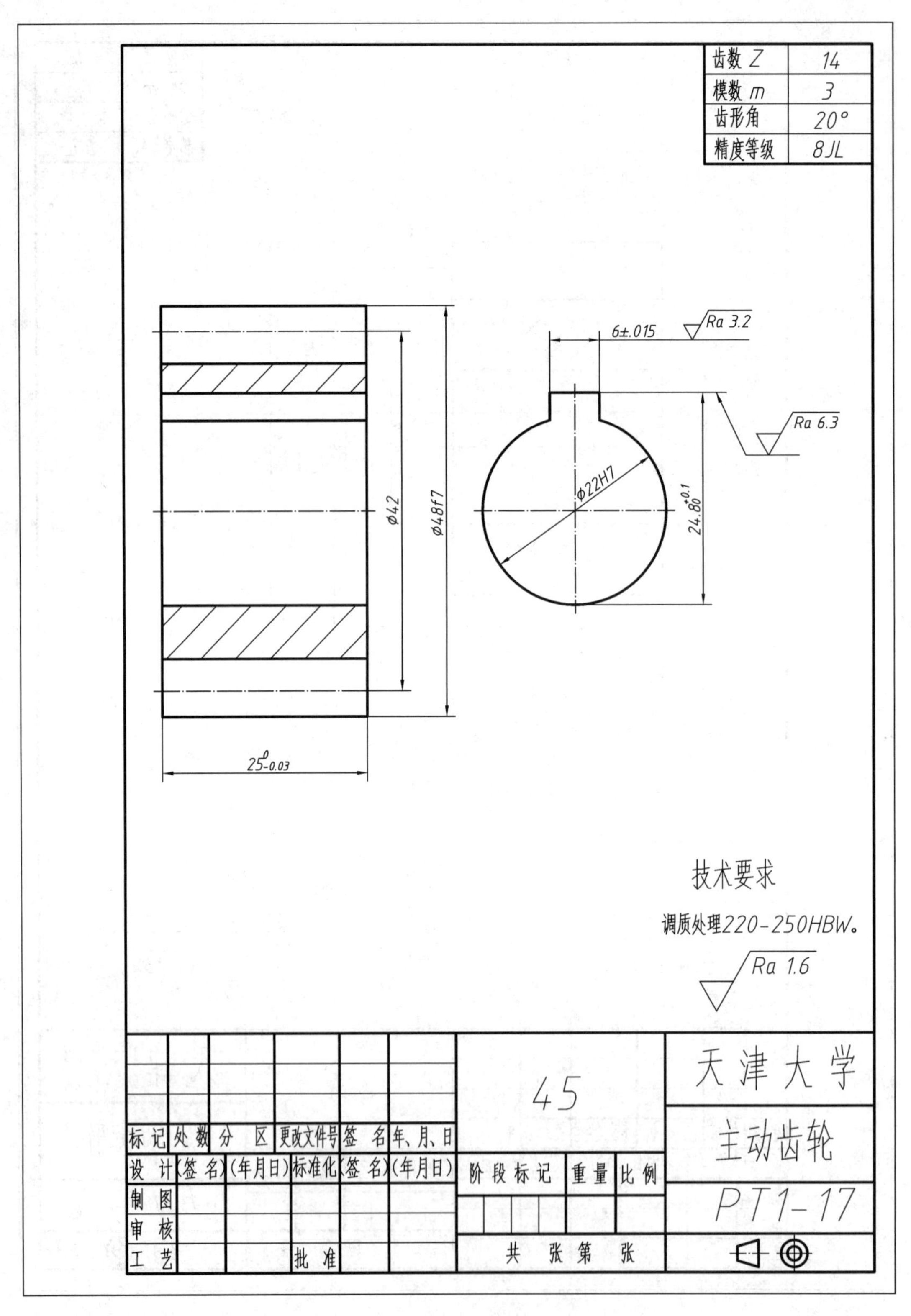

齿数 Z
14
模数 m
3
齿形角
20°
精度等级
8JL
6±.015
Ra 3.2
Ra 6.3
Φ22H7
Φ42
Φ48f7
24.8 +0.1 0
25 0 -0.03
技术要求
调质处理220-250HBW。
Ra 1.6
45
天津大学
主动齿轮
PT1-17
标记 处数 分区 更改文件号 签名 年、月、日
设计 (签名) (年月日) 标准化 (签名) (年月日)
阶段标记 重量 比例
制图
审核
工艺
批准
共 张 第 张

附图 12　齿轮油泵零件 17 主动齿轮

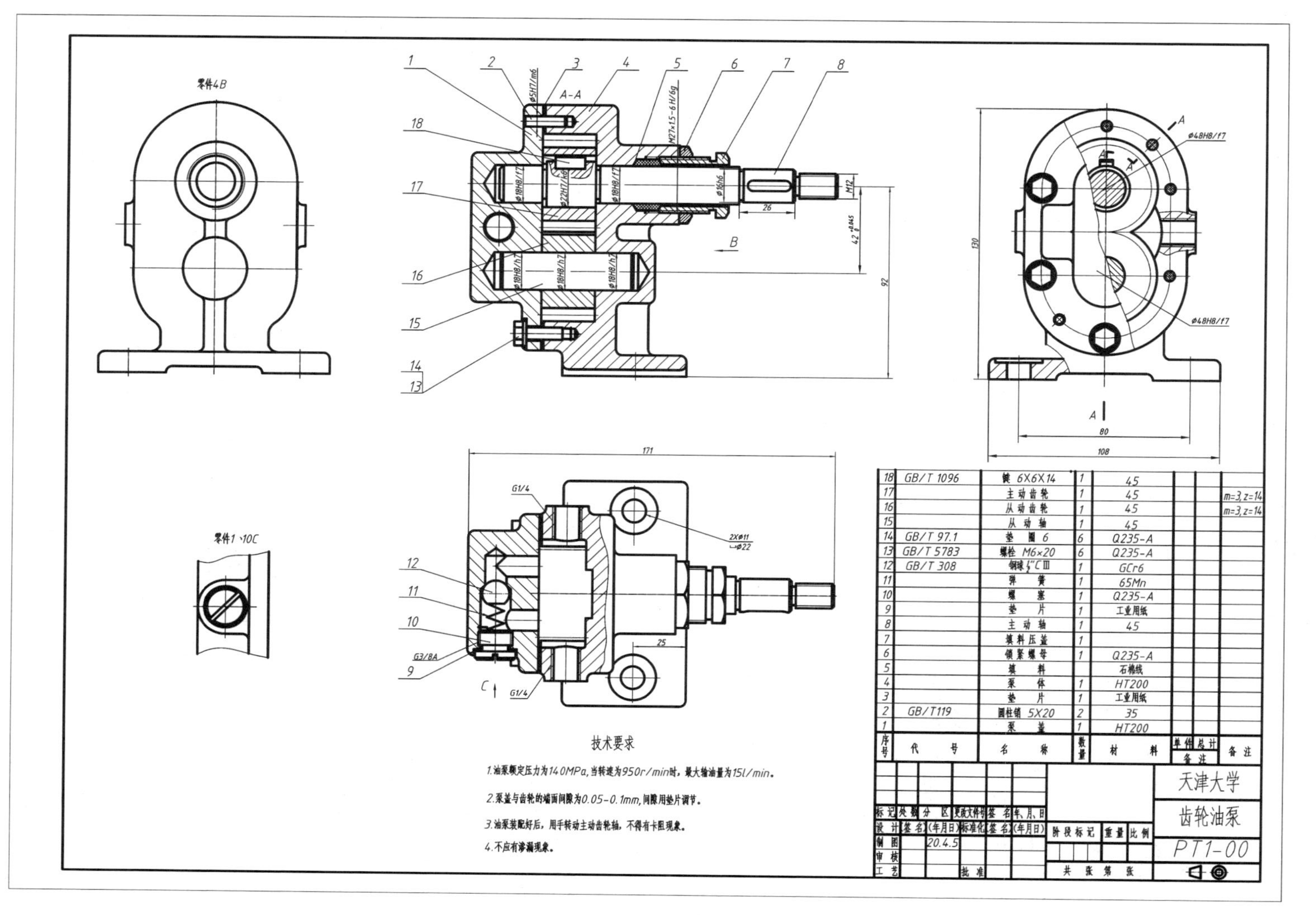

附图 13　齿轮油泵装配图

参考文献

[1] 徐健,齐玉来,韩群生. 机械制图(非机类).2 版[M]. 天津:天津大学出版社,2010.
[2] 陈东祥. 机械制图及 CAD 基础[M]. 北京:机械工业出版社,2004.
[3] 姜杉,叶时勇,唐树忠. 机械制图习题集(非机类).2 版[M]. 天津:天津大学出版社,2010.
[4] 喻宏波,景秀并. 机械制图习题集(非机类)作业指导与解答[M]. 天津:天津大学出版社,2010.
[5] 王多. 机械制图及 CAD 基础习题集[M]. 北京:机械工业出版社,2004
[6] 何改云. AutoCAD 2010 绘图基础[M]. 天津:天津大学出版社,2013.
[7] 林清安. 完全精通 Pro/ENGINEER 野火 5.0 中文版入门教程与手机实例[M]. 北京:电子工业出版社,2010.
[8] 林清安. 完全精通 Pro/ENGINEER 野火 5.0 中文版零件设计基础入门[M]. 北京:电子工业出版社,2010.
[9] 詹友刚. Pro/ENGINEER 中文野火版 5.0 快速入门教程[M]. 北京:机械工业出版社,2010.
[10] 辛文彤, 李志尊. SolidWorks 2012 中文版从入门到精通[M]. 北京:人民邮电出版社,2012.
[11] 叶修梓,陈超祥. SolidWorks 零件与装配体教程[M]. 北京:机械工业出版社,2009.
[12] 胡仁喜,马征飞,等. SolidWorks2012 中文版机械设计从入门到精通[M]. 北京:机械工业出版社,2012.
[13] 曲凌. 慧鱼创意机器人设计与实践教程[M]. 上海:上海交通大学出版社,2007.
[14] 张策. 机械原理与机械设计(上、下册)[M]. 北京:机械工业出版社,2004.
[15] 张启福,孙现申. 三维激光扫描仪测量方法与前景展望[J]. 北京测绘,2011(1):39-42.
[16] 左崟含,邱玲. 浅谈工程测量与三维测绘技术的发展[J]. 吉林地质,2012(1):141-143.
[17] 海克斯康测量技术(青岛)有限公司. Leica T-Scan 毫不妥协的测量精度[J]. 航空制造术,2007(9):112-113.
[18] 马素文. 三维激光扫描在测量中的应用现状[J]. 山西建筑,2011,37(9):207-208.
[19] 艾小样. 飞机机翼装配中的扫描路径规划研究[D]. 杭州:浙江大学,2014.
[20] 严成. 基于 T-Scan 的飞机蒙皮对缝测量与数据处理[D]. 南京:南京航空航天大学,2017.
[21] 郑德华,沈云中,刘春. 三维激光扫描仪及其测量误差影响因素分析[J]. 测绘工程,2005,14(2):32-34.
[22] 张昊,李宗义,张德龙,等. 三维激光扫描技术在轮毂逆向设计中的应用实践[J]. 机械研究与应用,2019,5(32):114-117.
[23] 金涛,陈建良,童水光. 逆向工程技术研究进展[J]. 中国机械工程,2002(16):86-92.
[24] 许智钦,闫明,张宝峰,等. 逆向工程技术三维激光扫描测量[J]. 天津大学学报,2001

(3):404-407.

[25] 赵中民,习友宝.三维激光扫描系统的固有误差校正算法[J].激光与红外,2016,46(1):34-38.

[26] https://baike.baidu.com/item/4D%E6%89%93%E5%8D%B0%E6%8A%80%E6%9C%AF/6887342?fr=aladdin 时间:2019-02-11.